普通高等院校"十四五"计算机基础系列教材

C 语言程序设计基础

（微课版）

樊继慧◎主　编

谭伟平　彭志祥　卢恒辉◎副主编

石玉强◎参　编

中国铁道出版社有限公司
CHINA RAILWAY PUBLISHING HOUSE CO., LTD.

内 容 简 介

本书是普通高等院校"十四五"计算机基础系列教材之一，按照普通高等院校 C 语言通识课程的教学标准编写，主要介绍 C 语言的基本概念和语法结构，并通过大量实例介绍 C 语言程序设计的编程方法和技巧。

全书共分 9 章，主要内容包括：C 语言程序设计概述，数据类型、运算符与表达式，程序控制结构，函数与模块化程序设计，数组与字符串，指针与内存管理，结构体、共用体与枚举类型，文件操作，最后一章给出了一个综合案例作为综合实践学习的内容。

本书既可以作为高等院校 C 语言程序设计课程的教材，也可作为 C 语言程序设计爱好者自学的参考书。

图书在版编目（CIP）数据

C 语言程序设计基础：微课版 / 樊继慧主编. 北京：中国铁道出版社有限公司, 2024.8. -- （普通高等院校"十四五"计算机基础系列教材）. -- ISBN 978-7-113-31445-3

Ⅰ . TP312.8

中国国家版本馆 CIP 数据核字第 2024NP9638 号

书　　　名：C 语言程序设计基础（微课版）
作　　　者：樊继慧

策　　　划：唐　旭　贾　星		编辑部电话：（010）63549501	
责任编辑：贾　星			
编辑助理：史雨薇			
封面设计：高博越			
责任校对：安海燕			
责任印制：樊启鹏			

出版发行：中国铁道出版社有限公司（100054，北京市西城区右安门西街 8 号）
网　　址：https://www.tdpress.com/51eds/
印　　刷：三河市兴博印务有限公司
版　　次：2024 年 8 月第 1 版　2024 年 8 月第 1 次印刷
开　　本：787 mm×1 092 mm　1/16　印张：11.75　字数：292 千
书　　号：ISBN 978-7-113-31445-3
定　　价：39.00 元

版权所有　侵权必究

凡购买铁道版图书，如有印制质量问题，请与本社教材图书营销部联系调换。电话：（010）63550836
打击盗版举报电话：（010）63549461

前 言

党的二十大明确提出,"实施科教兴国战略,强化现代化建设人才支撑"。科学技术、经济、文化和军事的发展都需要各类人才具备良好的信息技术素质,其中包括能够熟练地操作计算机,并会用计算机语言进行编程。

程序设计基础是高等院校一门重要的计算机基础课程,它以编程语言为依托,介绍程序设计的思想、方法和技术内涵,提高读者应用程序设计语言解决实际问题的能力。作为计算机编程的入门语言,C 语言以其简洁、高效和灵活的特性,赢得了广大编程初学者的青睐。本书旨在为读者提供一个全面、系统、深入的 C 语言学习平台,帮助读者从零开始,逐步掌握 C 语言的基本语法、程序设计方法以及实际应用技巧。

本书在内容特点上,力求做到深入浅出、循序渐进。从简单的基本概念讲起,逐步引导读者进入复杂的程序设计技巧和应用领域。同时,本书还注重理论与实践相结合,不仅提供了丰富的理论知识,还通过案例分析和实战演练,让读者能够在实际应用中更好地理解和掌握 C 语言。本书的内容编排循序渐进,逻辑清晰,从 C 语言的基本概念开始,逐步深入到函数、数组、指针等高级特性,再到文件操作、结构体和联合体等复杂内容,使读者能够逐步建立完整的 C 语言知识体系。同时,书中还穿插了丰富的图表和示例代码,使得抽象的概念变得直观易懂。本书还注重培养读者的编程思维,通过大量的编程实例和练习题,引导读者学会分析问题、设计算法和编写程序,从而培养独立思考和解决问题的能力。这种教学方式有助于读者在未来的学习和工作中更好地应对各种挑战。另外,每章配有大量的例题与习题,重要知识点还配有视频讲解,便于读者巩固所学知识,掌握程序设计的基本方法与编程技巧。最后,本书提供了丰富的扩展资源和参考信息。例如,附录部分提供了课后练习题答案和实战项目的部分源代码,方便读者学习使用。

本书内容共分为 9 章。第 1 章主要对程序设计语言的发展、C 语言程序设计的发展和开发过程做了介绍。第 2 章主要对数据基本类型、常用的运算符以及类型转换做了介绍。第 3 章介绍程序控制结构,结合关系运算符、逻辑运算符及条件运算符,对 if 语句和 switch 语句、for 循环、while 循环、do...while 循环以及循环跳转语句的用法进行了介绍,并讨论了循环嵌套的用法。第 4 章介绍函数与模块化程序设计,主要包括函数的定义和调用,递归函数以及变量的作用域等内容。第 5 章主要介绍了一维数组、二维数组和字符串的使用方法。第 6 章主要介绍了指针的基本概念、指针与函数、指针与数组以及动态内存分配的用法。第 7 章主要介绍了结构体的概念、结构体变量的定义和使用以及链表,同时介绍了共用体和枚举类型的使用方法。第 8 章主要介绍了文件的分类和基本操作。第 9 章用一个综合案例将前面介绍的 C 语言知识进行综合运用。

本书主要特色如下:

(1) 注重算法思维。本书选取了一些经典的算法案例,帮助读者理解算法在 C 语言编程中的应用,并培养算法思维。

(2) 与实际应用结合。本书介绍了一些 C 语言在实际项目中的应用案例,使读者能够更好地理解 C 语言的实用性和重要性。

(3) 配套资源丰富。本书提供 PPT 课件、微视频、习题答案及上机源程序等丰富的配套资源,读者可在中国铁道出版社教育资源数字化平台(https://www.tdpress.com/51eds/)下载使用。

参与本书编写的教师大多都是多年来从事计算机程序设计课程教学的一线教师,积累了丰富的理论知识和教学经验,本书就是编写团队成员教学经验的总结。本书由樊继慧担任主编,谭伟平、彭志祥、卢恒辉担任副主编,石玉强参与编写。

最后,希望本书能够成为广大读者学习 C 语言的良师益友,帮助大家掌握 C 语言的编程技能,为未来的职业发展和学术研究奠定坚实的基础。

由于编者水平有限,书中不当之处在所难免,敬请各位读者批评指正,以便我们不断完善和提高本书的质量。

编　者
2024 年 4 月

目 录

第1章　C语言程序设计概述　1

1.1　程序设计与程序设计语言　1
1.2　程序设计语言的发展　2
1.3　C语言概述　3
1.4　程序设计的过程与方法　3
习题一　4

第2章　数据类型、运算符与表达式　6

2.1　数据与数据类型　6
2.2　常量与变量　9
　　2.2.1　常量　9
　　2.2.2　变量　10
2.3　运算符与表达式　10
2.4　运算符的优先级和强制类型转换　12
　　2.4.1　运算符的优先级　12
　　2.4.2　运算符的强制类型转换　13
2.5　基本输入输出操作　14
习题二　16

第3章　程序控制结构　18

3.1　C语言的基本语句　18
3.2　顺序结构程序设计　21
3.3　选择结构程序设计　22
3.4　循环结构程序设计　30
习题三　39

第4章　函数与模块化程序设计　42

4.1　函数概述　42
4.2　函数的功能　44

4.3	函数的返回值及类型	47
4.4	函数的参数及传递方式	51
4.5	函数的调用	56
习题四		63

第 5 章　数组与字符串　65

5.1	一维数组	65
5.2	二维数组	67
5.3	字符数组与字符串	70
	5.3.1　字符数组	70
	5.3.2　字符串	71
	5.3.3　字符串处理函数	73
习题五		79

第 6 章　指针与内存管理　82

6.1	指针的概念与运算	82
6.2	指针与数组	87
6.3	指针与函数	90
6.4	动态内存分配与管理	94
习题六		100

第 7 章　结构体、共用体与枚举类型　102

7.1	结构体的概念和定义	102
7.2	结构体的声明和使用	103
7.3	共用体的概念和定义	116
7.4	枚举类型的概念和定义	119
7.5	typedef 关键字	122
习题七		125

第 8 章　文件操作　130

8.1	文件的概念与分类	130
8.2	文件的打开与关闭	132
8.3	文件的读写操作	134
8.4	文件的定位与随机访问	141
8.5	文件操作中的错误处理	145
习题八		149

第 9 章	综合案例与实战演练	151
9.1	综合案例分析	151
9.2	实战演练项目	160
附录 A	课后习题答案	161
附录 B	实战项目演练参考代码	177

第1章 C语言程序设计概述

C语言是面向过程的语言,能够方便地进行结构化程序设计。C语言包括三种基本结构:顺序结构、选择结构和循环结构,其中顺序结构是结构化程序设计中最简单的一种基本结构。在顺序结构的程序中,代码按编写顺序从上到下依次执行。本章主要介绍C语言的基本概念、计算机语言的发展、程序设计的过程与方法并尝试编写第一个C语言程序。

1.1 程序设计与程序设计语言

程序设计,也称为编程,是指使用编程语言编写计算机程序的过程。这是一项目标明确的智力活动,涉及设计、编写和调试程序的方法和过程。程序设计在软件研究中扮演着重要的角色,涉及基本概念、工具、方法以及方法学等相关内容。

程序是计算机执行一系列指令的集合,用于告诉计算机如何完成特定的工作任务。而程序设计语言,也可以称为编程语言,是人与计算机进行交流沟通的语言,是用来指示计算机执行特定操作的工作方式。

程序设计通常包括问题建模、算法设计、编写代码和编译调试等四个阶段。问题建模将实际问题抽象为计算机可以处理的问题;算法设计则是设计解决问题的具体步骤;编写代码将算法转换为计算机可以执行的程序代码;编译调试则是将编写的代码转换为计算机可以执行的程序,并进行测试和调试,确保程序能够正确运行。

程序设计的基本概念包括程序、数据、子程序、子例程、协同例程、模块以及顺序性、并发性、并行性和分布性等。这些概念都为程序员提供了一个理解和设计程序的框架,帮助他们编写高效可靠的计算机程序。

程序设计语言是一种用于描述计算机程序逻辑的形式化语言。它提供了一套符号、规则和结构,使程序员能够编写出能够被计算机执行的指令序列。这些指令可以实现各种计算任务,包括数据处理、输入输出、控制流程等,它通常具有自己的语法和语义规则,以及一套标准库或框架,用于支持开发者完成常见任务。通过程序设计语言,开发者可以将复杂的问题分解为简单的步骤,并用代码来实现这些步骤,从而创建出各种应用程序、软件和系统。

程序设计语言有很多种，如 C、C++、Java、Python、C#、Swift、PHP、Go、JavaScript、Objective-C、FORTRAN、ALGOL、PASCAL、VB 等，每种语言都有其独特的特点和应用领域。

按照不同的分类方式，程序设计语言可以分为以下几类：

按照语义基础和执行方式进行分类，编程语言可以分为命令式语言、函数式语言、逻辑式语言、面向对象语言等四类。

命令式语言的语义基础是模拟数据存储与操作的图灵机可计算模型，适应了现代计算机体系结构的自然实现方式。许多流行的语言属于这一类，如 FORTRAN、PASCAL、C、C++、Java、C#等，同时一些脚本语言也被归类为命令式语言。

函数式语言的语义基础是建立在数学函数概念的值映射的 λ 算子可计算模型上的。逻辑式语言则以一组已知规则的形式逻辑系统为语义基础，PROLOG 就是其中的代表。面向对象语言，许多现代语言都提供了面向对象的支持，但有些语言直接基于面向对象基本模型。在这类语言中，语法形式直接反映了基本对象操作的语义。

此外，程序设计语言还可以根据执行方式划分为编译型语言和解释型语言。编译型语言如 C/C++将源代码一次性转换成目标代码，而解释型语言如 Python 则将源代码逐行转换成目标代码并同时执行，类似于实时同步口译。

1.2　程序设计语言的发展

程序设计语言的发展可以划分为三个主要阶段：机器语言、汇编语言和高级语言。

机器语言是计算机发展的最初阶段，也被称为第一代语言。它是计算机直接识别和执行的二进制代码。在计算机问世初期，人们只能使用机器语言来操作计算机，需要编写由"0"和"1"组成的指令序列。机器语言具有灵活性、直接执行和高速等特点，但由于不同计算机的指令系统不同，导致程序在不同计算机上无法通用，造成了重复工作。此外，编写机器语言程序需要熟记计算机的指令代码，编程过程非常痛苦。

汇编语言是第二代语言，应运而生解决机器语言晦涩难懂的问题。汇编语言使用助记符替代机器语言的二进制代码，使得程序更易于编写和理解。虽然汇编语言仍需了解底层硬件结构，但相比机器语言更易学习和使用。汇编语言的出现提高了编程效率，但仍受限于特定计算机硬件平台。

高级语言是第三代语言，随着计算机技术发展而出现。高级语言使用接近自然语言的语法和语义，使得编程更加容易。它极大地降低了编程难度，促使更多人参与计算机编程。高级语言具有可移植性强、通用性好、易学易用等优点，是现代计算机编程的主流。

在计算机语言的发展过程中，冯·诺伊曼提出的改进理论是重要的里程碑事件之一。他提出了电子计算机应以二进制为运算基础，并采用存储程序方式工作。此外，他还明确了计算机应包括运算器、控制器、存储器、输入设备和输出设备五个部分。这些理论的提出解决了计算机运算自动化和速度配合问题，对后来计算机的发展起到了决定性作用。

随着计算机技术的不断进步，现代高级编程语言如 Java、Python、C++等变得功能丰富、易用性高，广泛应用于各种领域。这些语言内部提供了丰富的库和工具，使得开发人员能够更高效地编写复杂的程序，同时也降低了编程的门槛。这意味着开发人员可以更快速地实现想法，并且更容易地维护和扩展他们的代码。

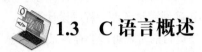

1.3　C 语言概述

　　C 语言最初由丹尼斯·里奇（Dennis Ritchie）在贝尔实验室为开发 UNIX 操作系统而设计，于 1972 年首次公开发表。C 语言的出现为计算机编程带来了革命性的变革，因为它提供了一种既简洁又高效的方式来编写操作系统、编译器以及其他系统级的程序。

　　C 语言作为一种通用的、过程式的编程语言，支持结构化编程、词法变量作用域和递归等功能。其设计为程序员提供了对低级别存取权限的控制，并要求程序员管理所有的内存细节。

　　C 语言的特点如下：

　　（1）结构化语言：C 语言提供了多种控制结构，如 if...else 语句、for 循环、while 循环等，使得程序员能够编写结构清晰、易于维护的代码。

　　（2）低级语言特性：C 语言提供了指针、内存管理、位操作等低级语言特性，使得程序员能够直接访问硬件资源，进行高效的编程。

　　（3）可移植性强：C 语言具有很强的可移植性，其代码可以在不同的操作系统和硬件平台上编译和运行，只需进行少量修改即可适应不同的环境。

　　（4）适用于系统级编程：C 语言由于提供了对硬件资源的直接访问，非常适合用于系统级编程，如操作系统、编译器、驱动程序等的开发。

　　（5）支持函数式编程：C 语言也支持函数式编程，程序员可以自定义函数来实现特定功能，并通过函数调用来实现代码的复用。

　　由于 C 语言优点众多，所以被广泛应用。在软件开发领域，C 语言广泛应用于系统级编程和系统软件开发，如操作系统、编译器、硬件驱动等。此外，它也常用于开发嵌入式系统、网络应用、图形界面程序等。

　　然而，需要注意的是，尽管 C 语言功能强大且应用广泛，但也存在一些缺点，如代码安全性较低、容易出错等。因此，在使用 C 语言进行编程时，程序员需要特别注意代码的安全性和稳定性问题。

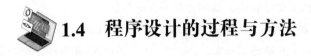

1.4　程序设计的过程与方法

　　程序设计的过程与方法通常包括以下几个关键步骤：

　　（1）问题定义与分析：需要先清晰地理解问题的需求和背景，后确定输入输出以及程序需要实现的功能。

　　（2）算法设计：在理解问题后设计一种或多种算法来解决问题，确保算法高效、正确且易于理解。

　　（3）编写代码：根据所需使用的设计算法来使用选定的编程语言将算法转化为可执行的程序。在编写代码时，需注重语法规范、命名规范以及代码结构的清晰性。

（4）编译与调试：在代码编写完成后需要对其代码进行编译，并进行调试以发现和修复可能存在的错误和问题。

（5）测试与验证：在编译与调试通过后需要进行各种程序测试，包括单元测试、集成测试和系统测试，以确保程序能够正确地满足预期的程序设计需求。

（6）维护与优化：随着程序运行的过程可能会存在某些问题，需要不断地进行维护和优化工作，修复 bug、提高性能以及添加新功能，确保程序的稳定性和可持续性。

在 Visual Studio 2019 中调试第一个 C 语言程序

例 1.1　在 Visual Studio 2019 中创建并调试第一个 C 语言程序以输出 "Hello World!"。

程序代码：

```c
#include <stdio.h>
int main() {
    printf("Hello, World!\n");
    return 0;
}
```

运行结果：

```
Hello, World!
```

程序说明：通过包含<stdio.h>头文件，程序可以使用标准输入输出函数库中的函数。在 main()函数中，printf()函数被调用来输出"Hello, World!"这个字符串到标准输出。\n 表示换行，确保消息输出后紧接着一行空白。最后，return 0; 语句表示程序正常结束，并返回状态码 0，表明程序执行成功。

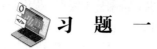

习　题　一

一、选择题

1. 程序设计的过程通常包括的四个阶段是（　　）。
   A. 问题建模、算法设计、编写代码、编译调试
   B. 分析需求、设计界面、编码实现、用户测试
   C. 设计算法、选择编程语言、编码实现、性能优化
   D. 编写文档、设计算法、编码实现、系统部署

2. 根据执行方式的不同，编程语言可以分为的两种类型是（　　）。
   A. 静态型语言和动态型语言　　　　B. 强类型语言和弱类型语言
   C. 编译型语言和解释型语言　　　　D. 面向对象语言和过程式语言

3. C 语言最初是由（　　）在（　　）为了（　　）而设计的。
   A. 肯·汤普逊，在 MIT，为了开发电子邮件系统
   B. 丹尼斯·里奇，在贝尔实验室，为了开发 UNIX 操作系统
   C. 詹姆斯·高斯林，在 Sun Microsystems，为了开发 Java 平台
   D. 比尔·盖茨，在微软，为了开发 Windows 操作系统

4. 下列不是C语言的特点的是（　　）。
   A. 结构化语言　　　B. 高级语言特性　　　C. 可移植性　　　D. 低级语言特性
5. 计算机语言的发展可以分为（　　）个阶段。
   A. 二个　　　　　　B. 三个　　　　　　　C. 四个　　　　　D. 五个
6. 冯·诺依曼提出的电子计算机结构所构成的五个组成部分为（　　）。
   A. 运算器、控制器、存储器、输入设备、输出设备
   B. CPU、GPU、RAM、硬盘、显示器
   C. 主板、处理器、内存、电源、外设
   D. 浏览器、操作系统、应用软件、网络、数据库
7. 现代流行的高级编程语言是（　　）。
   A. Java、Python、C++　　　　　　B. HTML、CSS、JavaScript
   C. SQL、XML、JSON　　　　　　　D. Bash、PowerShell、CMD
8. 程序设计过程中，首先需要进行的步骤是（　　）。
   A. 编写代码　　　　　　　　　　　B. 问题定义与分析
   C. 测试与验证　　　　　　　　　　D. 维护与优化
9. 在程序设计的（　　）阶段，需要考虑算法的效率、正确性、可读性等方面。
   A. 问题定义与分析　　　　　　　　B. 编译与调试
   C. 算法设计　　　　　　　　　　　D. 维护与优化
10. 程序设计过程中，维护与优化的主要目的包括（　　）。
    A. 确保程序能够正确地执行预期的操作　　B. 修复bug、改进性能、添加新功能
    C. 进行单元测试、集成测试和系统测试　　D. 使用选定的编程语言编写代码

二、填空题

1. 程序设计也称为_____，是利用编程语言编写计算机程序的过程。
2. 程序设计的过程通常包括问题建模、算法设计、编写代码和_____四个阶段。
3. 根据执行方式的不同，编程语言可以分为编译型语言和_____语言两大类。
4. C语言最初是由丹尼斯·里奇在贝尔实验室为开发_____操作系统而设计的。
5. C语言提供了低级语言特性，如指针、内存管理、位操作等，这使得程序员能够直接访问硬件资源，进行_____的编程。
6. 高级语言使用更加接近自然语言的语法和语义，使得编程人员可以更加容易地编写和理解程序，其中一个重要特点是_____性好。
7. 冯·诺依曼提出了电子计算机应该以二进制为运算基础，并采用_____方式工作的理论。
8. 在程序设计的"问题定义与分析"阶段，需要明确问题的具体需求，包括确定_____和_____，以及程序需要执行的具体操作。
9. 程序设计过程中的"编译与调试"步骤包括将源代码转换为机器代码的过程，称为_____，以及检查代码中的错误和问题的过程，称为_____。
10. 在程序设计的"测试与验证"阶段，需要进行_____、_____和_____等，以确保程序能够正确地执行预期的操作，并满足所有的需求。

第 2 章
数据类型、运算符与表达式

本章主要介绍基本数据类型、变量和常量以及运算符。C语言中有多种基本数据类型，如整型（int）、字符型（char）、浮点型（float和double）等。此外，还有枚举类型（enum）、结构体（struct）、联合体（union）等复杂数据类型。变量是存储数据的标识符，可以根据需要改变其值。常量是在程序运行过程中其值不能被改变的数据。C语言包含多种运算符，如算术运算符、关系运算符、逻辑运算符等，用于执行各种操作。

 ## 2.1 数据与数据类型

在计算机系统中，数据扮演着程序处理的角色，而数据类型则对这些数据进行了分类和描述。数据类型的定义使得程序能够准确地处理和解释数据。在C语言中，数据是程序操作的基本对象，而数据类型则定义了数据的存储方式和可执行的操作。C语言提供了多种数据类型，包括基本数据类型、构造数据类型和指针类型等，C语言数据类型如图2-1所示。接下来，我们将详细探讨C语言中常见的数据类型。

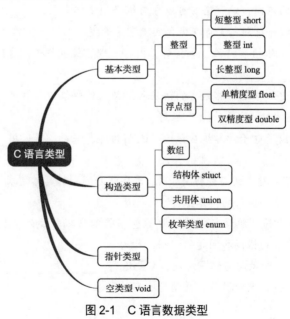

图 2-1　C 语言数据类型

数据类型可以划分为基本数据类型和复杂数据类型（或称构造数据类型）。基本数据类型包括整数、浮点数、字符、布尔值等，整数类型用于表示整数值，并支持基本的算术运算；而浮点数类型则用于表示带有小数点的数值，并支持浮点数运算和比较。

复杂数据类型由基本数据类型组合而成，包括数组、结构体、联合体、指针等。这些数据类型具有更复杂的结构和操作方式，可用于表示和处理更复杂的数据结构。例如，数组是由相同类型的数据元素组成的集合，可以通过下标访问和修改元素；而结构体则是由不同类型的数据元素组成的复合数据类型，可表示具有多种属性的对象。

除了基本数据类型和复杂数据类型，还存在一些特殊的数据类型，如函数类型和文件类型。函数类型通常用于表示函数返回值的类型，而文件类型则用于表示文件的访问和操作方式。

1. 整型

整型（integer types）可以表示整数值，包括正数、负数和零。在 C 语言中，整型可以使用不同的进制表示，包括十进制、八进制和十六进制。

（1）十进制：常规的十进制表示法，如 42。

（2）八进制：使用前缀 0 表示，如 075 表示的是十进制的 61。

（3）十六进制：使用前缀 0x 或 0X 表示，如 0xFF 表示的是十进制的 255。

（4）int：一般用于存储整数，通常为 32 位，取值范围约为–2 147 483 648 到 2 147 483 647。

（5）short int 或 short：用于存储比 int 更小的整数，通常为 16 位，取值范围约为–32 768 到 32 767。

（6）long int 或 long：用于存储比 int 更大的整数，通常为 32 位，取值范围约为–2 147 483 648 到 2 147 483 647。

long long int 或 long long：用于存储比 long 更大的整数，通常为 64 位，取值范围约为–9 223 372 036 854 775 808 到 9 223 372 036 854 775 807。

以下是关于整型的示例：

```c
#include <stdio.h>
int main() {
    int a = 10;              //声明一个整型变量 a，并赋值为 10
    short b = 20;            //声明一个 short int 变量 b，并赋值为 20
    long c = 123456789;
    //声明一个 long int 变量 c，并赋值为 1234567890，注意末尾的 'L'
    long long d = 123456123456789;
    //声明一个 long long int 变量 d，并赋值为 123456123456789，注意末尾的 'LL'

    printf("int: %d\n", a);
    printf("short: %hd\n", b);
    printf("long: %ld\n", c);
    printf("long long: %lld\n", d);

    return 0;
}
```

2. 浮点型

浮点型（floating point types）用于表示实数，包括小数和整数部分。在 C 语言中，浮点数通常使用标准的十进制表示法，也可以用科学计数法表示。

（1）float：用于单精度浮点数，通常为32位，取值范围约为±1.17549e–38到±3.40282e+38，精度约为6位小数。

（2）double：声明双精度浮点数，通常为64位，取值范围约为±2.22507e–308到±1.79769e+308，精度约为15位小数。

（3）long double：声明扩展双精度浮点数，精度比double更高，不同系统可能有不同的实现，通常为80位或128位，取值范围和精度比double更高。

以下是关于浮点型的示例：

```
#include <stdio.h>
int main() {
    float f = 3.14f;                //声明一个单精度浮点数变量f，并赋值为3.14，注意末尾的'f'
    double d = 3.1415926;           //声明一个双精度浮点数变量d，并赋值为3.1415926
    long double ld = 3.14159265358979323846L;
    //声明一个扩展双精度浮点数变量ld,并赋值为3.14159265358979323846L,注意末尾的'L'

    printf("Float: %f\n", f);
    printf("Double: %lf\n", d);                //'lf'表示输出double类型
    printf("Long Double: %Lf\n", ld);          //'Lf'表示输出long double类型

    return 0;
}
```

3. 字符型

字符型（char）是C语言中的一种基本数据类型，用于存储单个字符。每个字符型变量都占用1字节的内存空间，范围通常是–128到127（如果使用无符号字符型，则范围为0到255）。

在C语言中，字符型变量通常用于存储ASCII码值，ASCII码是一种用于表示字符的编码方式，包含了标准的英文字母、数字和一些特殊符号等。例如，字符'A'的ASCII码值是65，字符'a'的ASCII码值是97。

以下是关于字符型的示例：

（1）声明字符型变量。

```
char ch;
```

（2）赋值字符型变量。

```
Ch = 'A';   //用单引号表示字符常量
```

（3）输出字符型变量。

```
printf("字符为: %c\n", ch);
```

（4）字符型变量之间的比较。

```
char ch1 = 'A';
char ch2 = 'B';
if (ch1 < ch2) {
    printf("ch1 小于 ch2\n");
} else {
    printf("ch1 大于等于 ch2\n");
}
```

4. 布尔型

C 语言标准库中没有内置的布尔型（boolean type），但通常使用 int 或 char 来表示布尔值（0 表示 false，非 0 表示 true）。在 C99 标准中，可以包含头文件<stdbool.h>来使用 bool（布尔类型的关键字，用于声明布尔变量）、true（表示条件为真）和 false（表示条件为假）。

5. void 类型

空类型通常用于标识函数不返回任何值或函数参数为空的情况。

2.2 常量与变量

在 C 语言中，常量和变量都是用来存储数据的基本元素，但它们之间存在一些关键的差异。

2.2.1 常量

常量（constants）是指在程序执行期间其值不可更改的数据。通常情况下，常量用于表示固定不变的数值，如数学常数或配置参数。在 C 语言中，常量包括字面常量、const 常量、宏常量三种。

1. 字面常量

字面常量是直接在代码中输入的值，如数字、字符或字符串。

可以通过两种方式来定义字面常量：

（1）直接硬编码，在代码中直接输入值，例如：

```
int x = 10;        //字面常量10赋值给变量x
char c = 'a';      //字面常量'a'赋值给变量c
```

（2）宏定义，使用 "#define" 指令来定义具有名称的字面常量，这种方式也很常见，例如：

```
#define PI 3.14159
```

2. const 常量

在 C 语言中，const 用于声明常量，而不是变量。因此，一旦常量被赋值，它的值就不能再被修改。例如：

```
const int max_speed = 100;          //定义了一个整型常量max_speed，其值为100
const char *greeting = "Hello";     //定义了一个指向字符的指针常量greeting，指向字
                                    //  符串"Hello"
```

> **注意**：虽然 "const char *greeting" 定义了一个指向常量的指针，但指针本身不是常量，它可以改变以指向其他字符串。然而，所指向的字符串内容本身不应被修改，因为这可能导致未定义行为。

const 常量与普通常量的区别是 const 常量通常在编译时被解析和赋值，并在程序执行期间保持不变，因此在编译时就已经确定了其值。而普通常量则可以在运行时被赋值，并且其值可以在程序执行期间改变。另外，const 常量在许多情况下被认为更安全，因为它们的值在编译时就已经确定，不会受到程序执行期间的影响，从而避免了意外的改变。例如：

```
const double PI = 3.14;      //使用 const 声明一个常量
PI = 3.1415926;              //尝试修改 const 常量的值，会导致错误
```

使用 const 主要是为了增强代码的可读性、可维护性和类型安全性。通过使用 const 常量，可以更清晰地表达代码的意图，避免意外的变量修改，减少了一些常见的编程错误。此外，const 常量还有助于优化代码，在某些情况下可以提高程序的性能。

3. 宏常量

还可以使用#define 预处理器指令来定义常量。例如：

```
#define PI 3.14159  //定义了一个名为 PI 的常量，其值为 3.14159
```

这种方式定义的常量称为宏常量，它们在预处理阶段就被替换为其定义的值。

其中在编程中需要注意以下几点：

（1）在声明变量和常量时，必须指定明确的数据类型。

（2）为了与变量区分开，常量名通常全部采用大写字母。

（3）使用 const 关键字可以确保变量的值不会在后续代码中被修改，这对于代码的可读性和维护性很重要。

（4）宏常量是通过#define 定义的，在编译过程之前就会被预处理器处理，因此它们没有具体的数据类型，只是简单的文本替换。在使用宏常量时需要格外小心，以免引发类型错误或未预期的行为。

2.2.2 变量

变量（variables）是指在程序执行期间可以被重新赋值的标识符。在 C 语言中，声明变量时需要指定其类型，这决定了变量可以存储的数据类型和占用的内存大小。例如：

```
int age;            //声明一个整型变量 age
float salary;       //声明一个浮点型变量 salary
char name[50];      //声明一个字符数组变量 name,可以存储最多 49 个字符加一个结束符'\0'
```

变量的命名应符合特定的命名规范，一般以小写字母开头，后面可以跟着小写字母、数字或下划线。变量名应简明扼要且具有描述性，以便其他程序员能够理解其用途。

常量与变量的对比：

（1）值的修改：常量在程序执行期间其值不能被修改，而变量的值可以被多次修改。

（2）作用：常量通常用于表示那些不会改变的值，如数学常数、物理常量等。变量则用于存储程序运行过程中可能改变的数据。

（3）声明方式：常量可以通过#define 预处理指令或 const 关键字来声明，而变量使用基本数据类型（如 int、double、char 等）来声明。

（4）作用域：常量和变量都有各自的作用域，即它们可以被访问的代码区域。但通常，常量由于其不可变性，其作用域可能更广泛，而变量则可能更局限于某个函数或代码块内。

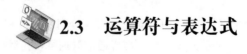

2.3 运算符与表达式

运算符和表达式是程序设计中非常重要的概念，它们是程序进行数据处理和计算的基础。运算符是用于对操作数进行各种运算的符号，如加、减、乘、除、取模等。根据操作数的个数，运算符可以分为一元运算符（如自增、自减）、二元运算符（如加、减、乘、除）和三元运算符（如三元条件运算符）。根据运算符的功能，运算符可以分为算术运算符、关系运算符、逻辑运算符、位运算符、赋值运算符等。

表达式则是由一个或多个操作数通过运算符连接起来的式子，它表示一个值或一个计算结果。表达式的值可以通过求值得到，求值过程就是按照运算符的优先级和结合性对表达式进行计算的过程。在表达式中，操作数可以是变量、常量、函数返回值等，它们可以是任意数据类型。

运算符和表达式的例子可以在各种编程语言中找到。以下是一些常见的运算符和表达式的例子：

1．算术运算符和表达式

用于执行基本的数学运算，如加法、减法、乘法、除法和取模。它们对于处理数字数据和执行数学计算非常重要。

（1）加法运算符（+）：5+3，表示将两个数相加，结果为8。

（2）减法运算符（-）：10-4，表示将第一个数减去第二个数，结果为6。

（3）乘法运算符（*）：3*4，表示将两个数相乘，结果为12。

（4）除法运算符（/）：20/5，表示将第一个数除以第二个数，结果为4。

（5）取模运算符（%）：7%3，表示将第一个数除以第二个数取余数，结果为1。

2．关系运算符和表达式

用于比较两个值之间的关系，如等于、不等于、大于、小于、大于等于和小于等于。它们通常用于控制程序的流程和逻辑。

（1）等于运算符（==）：3==5，表示判断两个数是否相等，结果为false。

（2）不等于运算符（!=）：3!=5，表示判断两个数是否不相等，结果为true。

（3）大于运算符（>）：7>3，表示判断第一个数是否大于第二个数，结果为true。

（4）小于运算符（<）：2<5，表示判断第一个数是否小于第二个数，结果为true。

（5）大于等于运算符（>=）：4>=4，表示判断第一个数是否大于等于第二个数，结果为true。

（6）小于等于运算符（<=）：1<=3，表示判断第一个数是否小于等于第二个数，结果为true。

3．逻辑运算符和表达式

用于对布尔值进行操作，如与、或、非。它们通常用于条件语句和循环控制。

（1）与运算符（&&）：true && false，表示判断两个布尔值是否都为真，结果为false。

（2）或运算符（||）：true || false，表示判断两个布尔值是否至少有一个为真，结果为true。

（3）非运算符（!）：!true，表示对布尔值取反，结果为false。

4．位运算符和表达式

对二进制数据进行操作，如按位与、按位或、按位异或和按位取反。它们在处理底层数据和优化算法时非常有用。

（1）按位与运算符（&）：将两个操作数的每一位进行逻辑与运算，只有在两个操作数对应位都为1时结果才为1。例如，5&3，结果为1。

（2）按位或运算符（|）：将两个操作数的每一位进行逻辑或运算，只有在两个操作数对应位至少有一个为1时结果才为1。例如，5|3，结果为7。

（3）按位异或运算符（^）：将两个操作数的每一位进行逻辑异或运算，只有在两个操作数对应位不相同时结果才为1。例如，5^3，结果为6。

（4）按位取反运算符（~）：对操作数的每一位进行取反操作，即0变为1，1变为0。例如，~5，结果为-6（在某些编程语言中会使用补码表示，所以结果为-6）。

5．赋值运算符和表达式

用于将值分配给变量，同时还有一些组合赋值运算符，如加等于、减等于等，用于简化代码并提高效率。

（1）等号赋值（=）：将右边的值赋给左边的变量。

（2）加等于（+=）：将右边的值加到左边的变量，并将结果赋给左边的变量。例如，x += 5，相当于 x = x + 5。

（3）减等于（-=）：将右边的值减去左边的变量，并将结果赋给左边的变量。例如，x -= 3，相当于 x = x - 3。

（4）乘等于（*=）、除等于（/=）等类似。

6．条件运算符（三元运算符）

条件运算符是一种特殊的运算符，它根据条件的真假返回两个可能的值中的一个。这在需要根据条件动态选择值时非常有用。语法如下：

```
条件 ? 表达式1 : 表达式2
```

如果条件为真，则返回表达式1的值；如果条件为假，则返回表达式2的值。

例如：

```
age >= 18 ? "成年人" : "未成年人"
```

7．括号运算符

用于控制表达式的求值顺序，确保正确的运算顺序和优先级。它们对于明确表达式的意图和避免歧义非常重要。例如，(2+3)*4，表示先计算括号内的表达式，再乘以4。

在程序设计中，正确地使用运算符和表达式是非常重要的。首先，需要了解各种运算符的功能和优先级，避免因为运算符的误用而导致计算错误或逻辑错误。

2.4 运算符的优先级和强制类型转换

2.4.1 运算符的优先级

在C语言中，运算符的优先级决定了表达式中各个运算符的执行顺序。以下是C语言中常见运算符的优先级由高排低介绍：

（1）算术运算符：包括加减乘除、求余、自增、自减等，优先级最高。

（2）移位运算符：左移（<<）、右移（>>），次高于算术运算符。

（3）关系运算符：包括大于、小于、大于等于、小于等于、等于、不等于等，优先级次于移位运算符。

（4）逻辑运算符：包括与（&&）、或（||）、按位异或（^）、非（!），逻辑非的优先级比算术运算符还高。

（5）条件运算符：三目运算符（?：），用于条件表达式。

（6）赋值运算符：包括赋值（=）、加减乘除后赋值（+=、-=、*=、/=）、取模后赋值（%=）等，顺序是从右到左。

（7）逗号运算符：逗号运算符的优先级最低，用于分隔表达式。

这些优先级规则可以帮助开发者更好地理解和编写复杂的表达式，根据实际需求和数据特征选择合适的运算符和表达式，以提高程序的效率和可读性，运算符与优先级见表2-1。

表2-1 运算符与优先级

优先级	运算符	描述
1	() [] . ->	后缀
2	! ~ -(负号) ++ -- &(取变量地址) * size of	一元
3	(type) (强制类型)	类型转换
4	* / %	乘除
5	+ -	加减
6	>> <<	移位
7	> >= < <=	关系
8	== !=	相等、不等
9	&	位与 AND
10	^	位异或 XOR
11	|	位或 OR
12	&&	与
13	||	或
14	?:	三元
15	= += -= *= /= %= |= ^= &= > >= < <=	赋值
16	,	逗号

2.4.2 运算符的强制类型转换

在 C 语言中，强制类型转换是将一个表达式的值转换为另一种数据类型的操作。这通常在需要改变表达式的类型以匹配上下文的情况下使用。强制类型转换可以通过在表达式前面放置要转换的目标数据类型的名称并用括号括起来去实现。

以下是一个简单的示例代码：

```
#include <stdio.h>

int main() {
    int num1 = 10;
    int num2 = 3;
    double result;
```

```
    //进行整数除法
    result = num1 / num2;
    printf("结果转换前: %f\n", result);

    //进行强制类型转换后的除法
    result = (double)num1 / num2;
    printf("结果转换后: %f\n", result);

    return 0;
}
```

运行结果：

```
结果转换前: 3.000000
结果转换后: 3.333333
```

程序说明：在这个示例中，有两个整数变量 num1 和 num2，想要进行除法运算并将结果存储在 result 变量中。在第一个除法运算中，num1 和 num2 都是整数，因此结果也是整数，即 3。在第二个除法运算中，在 num1 前面加上了(double)，这表示希望将 num1 转换为 double 类型，这样结果就会是一个浮点数 3.333333。

2.5 基本输入输出操作

C 语言中的基本输入输出操作通常依赖于标准库中的函数。这些函数使得程序能够与用户进行交互，接收输入或将结果输出。以下是一些 C 语言中常用的基本输入输出函数：

1. 输入函数

1）scanf()函数

scanf()函数用于从标准输入（通常是键盘）读取格式化输入。例如：

```
int a;
scanf("%d", &a);    //读取一个整数
```

其中，%d 是格式说明符，它告诉 scanf() 函数期望读取一个整数。&a 是变量的地址，这是因为 scanf()函数需要知道在哪里存储输入的值。

2）gets()和 fgets()函数

gets()函数用于读取一行文本，但由于它不安全（可能导致缓冲区溢出），通常被 fgets() 函数替代。例如：

```
char str[100];
fgets(str, sizeof(str), stdin);    //从标准输入读取一行文本
```

fgets()函数从指定的输入流（在这里是 stdin，即标准输入）读取最多 n–1 个字符，并将其存储在 str 中。n 是 sizeof(str)，即 str 数组的大小。

2. 输出函数

1）printf()函数

printf()函数允许程序员将格式化的数据发送到标准输出，通常是屏幕上显示。例如：

```
int a = 42;
printf("The answer is %d\n", a);  //输出一个整数
```

其中，%d 是格式说明符，它告诉 printf()函数要输出一个整数。a 是要输出的值。

2）puts()和 fputs()函数

puts()函数用于输出一个字符串，并在末尾添加一个换行符。例如：

```
char str[] = "Hello, world!";
puts(str); //输出字符串
```

fputs()函数与 puts()类似，但它允许指定一个输出流（通常是 stdout，即标准输出）。例如：

```
fputs(str, stdout); //输出字符串到标准输出
```

3）putchar()函数

putchar() 函数用于输出单个字符。例如：

```
putchar('A'); //输出字符 'A'
```

在使用这些函数时，需要包含头文件 <stdio.h>，因为这些函数在该头文件中声明。

请注意，尽管 gets()函数在 C 语言中是可用的，但由于其可能导致安全问题（缓冲区溢出），在 C11 标准中已被弃用，并建议使用 fgets()函数代替。

此外，C 语言还支持更复杂的输入输出操作，如文件操作（使用 fopen()、fclose()、fscanf()、fprintf()等函数）和网络编程（使用套接字等）。这些通常在处理更复杂的应用程序时使用。

例2.1

例 2.1 使用 printf()和 scanf()函数，以及 getchar()和 putchar()函数输入一个字符和一个整数，然后输出输入的值。

程序代码：

```c
#include <stdio.h>

int main() {
    char c;
    int i;
    
    //使用 getchar()函数获取用户输入的字符
    printf("请输入一个字符: ");
    c = getchar();
    printf("你输入的字符是: %c\n", c);
    
    //使用 putchar()函数输出字符
    putchar(c);
    putchar('\n'); //输出一个换行符
    
    //使用 scanf() 和 printf() 进行整数输入和输出
    printf("请输入一个整数: ");
    scanf("%d", &i);
    printf("你输入的整数是: %d\n", i);
    
    return 0;
}
```

运行结果：

请输入一个字符: A

```
你输入的字符是: A
A
请输入一个整数: 42
你输入的整数是: 42
```

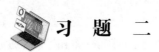 习 题 二

一、选择题

1. 基本数据类型的特点是（　　）。
   A. 由基本数据类型组合而成
   B. 在大多数编程语言中都是内置的，具有固定的表示和操作方式
   C. 只包括整数和浮点数
   D. 不支持数组和结构体

2. 通常用于表示函数返回值类型的是（　　）。
   A. 浮点数类型　　B. 整数类型　　C. 函数类型　　D. 文件类型

3. 在 C 语言中，可以正确声明一个整型变量来存储年龄的是（　　）。
   A. float age;　　B. int age;　　C. char age;　　D. const int age;

4. 关于 const 关键字和 #define 预处理器指令定义的常量，下面描述错误的是（　　）。
   A. const 关键字定义的常量具有类型信息
   B. #define 预处理器指令定义的常量在预处理阶段就被替换为其定义的值
   C. const 关键字可以防止变量的值被修改
   D. #define 预处理器指令定义的常量可以在运行时改变其值

5. 在 C 语言中，通常用于存储整数的数据类型是（　　）。
   A. float　　B. int　　C. char　　D. bool

6. 下面不是 C 语言中构造数据类型的是（　　）。
   A. 数组　　B. 结构体　　C. 浮点型　　D. 联合体

7. 在 C 语言中，如果要对一个整数变量进行自增运算，应该使用的运算符是（　　）。
   A. +　　B. ++　　C. --　　D. %

8. 在 C 语言中，用于比较两个数值是否不相等的关系运算符是（　　）。
   A. ==　　B. !=　　C. >　　D. <

9. 以下函数用于在 C 语言中从标准输入读取一行文本，并且被推荐使用以避免安全问题的是（　　）。
   A. scanf()　　B. gets()　　C. fgets()　　D. printf()

10. 在 C 语言中，能够在输出字符串后自动添加一个换行符的函数是（　　）。
    A. printf()　　B. puts()　　C. fputs()　　D. putchar()

二、填空题

1. C 语言中的基本数据类型包括_____、浮点数、字符和布尔值等。

2. 在 C 语言中，声明变量时，需要指定变量的类型，例如，int age;声明了一个_____变量 age。

3. 使用 const 关键字可以定义常量，例如"const int max_speed = 100;"定义了一个整型常量 max_speed，其值为_____。

4. float 和 double 在 C 语言中分别用于表示_____浮点数和双精度浮点数。

5. 结构体在 C 语言中允许将不同类型的数据组合成一个单一的数据类型，使用_____关键字定义。

6. 运算符是用于对操作数进行各种运算的符号，如加、减、乘、除、取模等。根据操作数的个数，可以将运算符分为一元运算符（如自增、自减）、二元运算符（如加、减、乘、除）和_____（如三元条件运算符）。

7. 在 C 语言中，scanf()函数用于从标准输入（通常是键盘）读取格式化输入。当使用 scanf("%d", &a);时，%d 是格式说明符，它告诉 scanf()函数期望读取一个整数，而&a 是变量_____的地址。

8. fgets()函数从指定的输入流（在这里是 stdin，即标准输入）读取最多 n–1 个字符，并将其存储在 str 中。这是因为 fgets()函数需要确保字符串以_____结束。

9. printf()函数用于向标准输出（通常是屏幕）发送格式化输出。当使用 printf("The answer is %d\n", a);时，%d 是格式说明符，它告诉 printf()函数要输出一个整数，而 a 是要输出的_____。

10. 尽管 gets()函数在 C 语言中是可用的，但由于其可能导致安全问题_____，在 C11 标准中已被弃用，并建议使用 fgets()函数代替。

三、编程题

1. 请编写一个 C 语言程序，要求输入两个整数，然后计算并输出这两个整数的和。

2. 请编写一个 C 语言程序，要求输入一个整数，判断输入的整数是否为素数。

第 3 章
程序控制结构

荷兰学者 E.W.Dijkstra 在 20 世纪 60 年代提出了结构化程序设计的思想。结构化程序设计的基本思想规定了一套方法，使程序具有合理的结构，以保证和验证的程序的正确性。这种方法要求程序设计者不能随心所欲地编写程序，而要按照一定的结构形式来设计和编写程序。它的一个重要目的是使程序具有良好的结构，使程序易于设计，易于理解，易于调试修改，以提高设计和维护程序工作效率。C 语言程序设计思想就是结构化程序设计思想。

C 语言属于第三代程序设计语言，是过程性语言，能够满足结构化程序设计的要求。从程序执行的流向的角度讲，程序可以分为顺序结构、选择结构、循环结构三种基本结构，任何复杂的问题都可以由这三种基本结构完成。每个结构中包含若干个语句，C 语句可以分为五种，即表达式语句、控制语句、空语句、复合语句和函数调用语句。

本章主要介绍 C 语言程序设计的语句、顺序结构、选择结构、循环结构的定义以及程序举例。

3.1 C 语言的基本语句

C 语言程序顺序、选择、循环这三种设计结构是由语句组成的，在 C 语言中有五种语句，即表达式语句、控制语句、空语句、复合语句和函数调用语句。

1. 表达式语句

由一个表达式加分号构成一个表达式语句，这是 C 语言中最简单的语句之一，其一般形式如下：

> 表达式;

已经学习了赋值运算符、算术运算符、关系运算符、逻辑运算符和表达式，赋值语句就是在赋值表达式的后面加上分号，是 C 语言中比较典型的一种表达式语句，而且也是程序设计中使用频率最高、最基本的语句之一，其一般形式如下：

> 变量 = 表达式;

功能：首先计算 "=" 右边表达式的值，将值类型转换成 "=" 左边变量的数据类型后，赋值给变量（即把表达式的值存入该变量存储单元）。

说明：赋值语句中，"="左边是以变量名标识符的内存中的存储单元。在程序中定义变量，编译程序将为该变量分配存储单元，以变量名代表该存储单元。所以出现在"="左边必须是变量。

例3.1 在 main()主函数中定义变量 age 为 int 类型、定义变量 height 为 float 类型，然后为两个变量进行赋值操作，age 第二次赋值，是先进行算术的加法运算，然后再进行赋值，最后输出存在 age、height 变量中的值。

分析：赋值语句 int age;先定义了一个变量 age，这就意味着系统为变量 age 在内存中开辟了一个空间并取名为 age；age=18;将数值 18 赋值给变量 age，在内存开辟的 age 空间中存储数值 18；age=age+2;取内存中存储的数值 18 与 2 进行算术运算，运算结果 20 再赋值给变量 age，即数值 20 覆盖内存 age 空间的 18，最终 age 变量在内存中存储的是数值 20。float height=1.758f;定义了一个变量身高 height，同时为变量赋值为 1.78，即在内存中开辟空间并取名为 height，存储数值 1.78。

程序代码：

```c
#include <stdio.h>
#include <stdlib.h>
int main(int argc, char * argv[]) {
    int age;
    float height=1.78f;
    age = 18;
    age = age+2;
    printf("age =% d;height =% .2f", age, height);
    return 0;
}
```

运行结果如图 3-1 所示。

```
age=20;height=1.78
```

图 3-1 赋值语句运行结果

程序说明：从语法上讲，任何表达式的后面加上分号都可以构成一条语句，例如，a*b;也是一条语句，实现 a、b 相乘，但相乘的结果没有赋给任何变量，也没有影响 a、b 本身的值，所以，这条语句并没有实际意义。

2. 控制语句

控制语句用于完成程序流程转向的控制功能，由特定的语句定义符组成。C 语言中有九种控制语句，分别是 if...else 语句、switch...case 语句、while 语句、do...while 语句、for 循环语句、break 语句、continue 语句、return 语句、goto 语句，其中 goto 语句已经被禁止使用，因为它可以随意让程序转向，最终造成程序运行混乱。其他的语句在后续的小节中举例讲解。C 语言中的控制语句见表 3-1。

表 3-1 C 语言中的控制语句

控制语句种类	控制语句形式	控制语句功能
条件语句	if()...else...	用于双分支选择结构
多分支选择语句	switch	用于多分支选择结构

续表

控制语句种类	控制语句形式	控制语句功能
循环语句	for()...	用于 for 型循环
	while()...	用于当行循环结构
	do...while()	用于直到型循环结构
结束本次循环语句	continue	用于循环结构中，结束本次循环
终止执行执行 switch 或循环语句	break	用于循环或选择结构，提前退出循环或选择
从函数返回语句	return	从函数调用返回
转向语句	goto	用于无条件转移到指定程序行（禁止使用）

3．函数调用语句

在前面的程序中已经使用过 printf()和 scanf()函数。接下来介绍 puts()和 gets()函数。在这两个函数后面加分号，就构成了函数调用语句。

gets()函数用于从标准输入（通常是键盘）读取一行字符串，直到遇到换行符（'\n'）或 EOF（文件结束符）。这个函数没有参数来指定输入字符串的最大长度，因此它很容易导致缓冲区溢出（buffer overflow）的问题。当输入的字符串超过为存储它而分配的内存空间时，就会发生缓冲区溢出，这可能导致程序崩溃或更严重的安全问题（如攻击者可以利用缓冲区溢出漏洞执行恶意代码）。

puts()函数用于将一个字符串输出到标准输出（通常是屏幕），并在字符串的末尾自动添加一个换行符（'\n'）。这个函数相对安全，没有像 gets()函数那样的缓冲区溢出问题。

4．空语句

只有一个单独的分号，就是一个空语句。例如：

```
;
```

空语句不会执行任何操作，有时起到占位的作用，或者为循环体提供空体（循环什么也不做）。例如：

```
while(getchar() != '\n');
```

或者写为

```
While(getchar() != '\n');
```

5．复合语句

用"{ }"可以把多条语句括起来构成复合语句，可以把需要一起执行的多条语句做成复合语句。复合语句就是一个整体，复合语句中的语句要么都被执行要么都不被执行。

通过中间变量 t 交换变量 a，b 的值，需要由三条语句组成，可以把它们用"{ }"括起来组成一个复合语句。例如：

```
{
    t = a;
    a = b;
    b = t;
}
```

需要注意的是复合语句的结束符"}"后面不加分号，而复合语句内的各条语句后面必须有分号。

3.2 顺序结构程序设计

在顺序结构的程序中，程序按照语句自上而下的书写顺序依次执行，语句在前的先执行，语句在后的后执行。顺序结构虽然只能满足简单程序的设计要求，但它是任何一个程序的主题结构，即从整体上看，程序都是从上向下依次执行每个功能模块。但在顺序执行的每个模块中又包含了选择结构或循环结构，而在选择结构和循环结构中往往顺序结构作为其内部的主题结构。顺序结构的执行过程如图 3-2 所示。程序首先执行语句 1，接着执行语句 2，执行语句 3，它是一个从上到下、从前到后的执行过程。

例3.2 "鸡兔同笼问题"。鸡有两只脚，兔有四只脚，如果已知鸡和兔的总头数为 h，总脚数为 f。问笼中各有多少只鸡和兔？

分析：设笼中的鸡有 m 只，兔有 n 只，可以列出方程组：

$$\begin{cases} m + n = h \\ 2m + 4n = f \end{cases} \quad \text{解方程组得：} \quad \begin{cases} m = \dfrac{4h - f}{2} \\ n = \dfrac{f - 2h}{2} \end{cases}$$

该程序是一个顺序程序，首先定义 4 个 int 类型的变量，在屏幕上输出"请输入兔和鸡的头的总数目："及"请输入兔和鸡的脚的总数目："的提示语，然后从键盘获取数据给变量 h 和 f，最后输出由上面方程求解得到的鸡和兔的只数。程序的执行过程是按照书写语句顺序，一步一步地执行，直至程序结束。

图 3-2 顺序结构流程图

程序代码：

```
#include <stdio.h>
#include <stdlib.h>
int main() {
    int h;              //变量h用来存储鸡和兔的头总数目
    int f;              //变量f用来存储鸡和兔的脚总数目
    int m;              //变量m用来存储鸡的数目
    int n;              //变量n用来存储兔的数目
    printf("请输入鸡和兔的头的总数目: \n");
    scanf("%d",&h);     //用户输入鸡和兔的头的总数目
    printf("请输入鸡和兔的总脚的数目: \n");
    scanf("%d", &f);
    m = (4 * h - f) / 2;
    n = (f - 2 * h) / 2;
    printf("笼中鸡有%d只,兔有%d只!\n",m,n);
    return 0;
}
```

运行结果如图 3-3 所示。

程序说明：在该程序中，运算得到结果是由用户输入的总头数与总脚数决定的。也就是说，程序运行的结果可能每次都不相同的，是由用户来决定的。

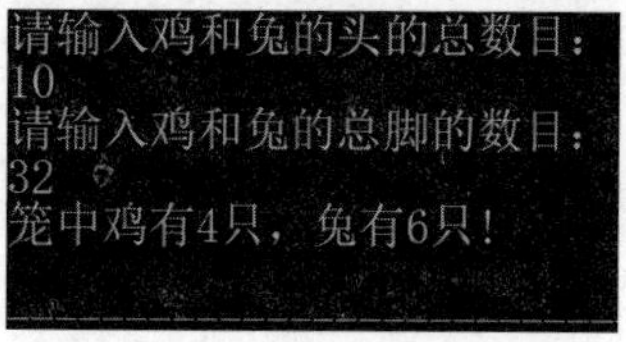

图 3-3 鸡兔同笼运行结果

3.3 选择结构程序设计

在选择结构的程序中，可以使用分支语句来实现。分支语句包括 if 语句和 switch 语句。if 语句提供一种二分支选择的控制流程，它根据表达式的值来决定执行两个不同情况下的其中一个分支程序段；switch 是一种专门进行多分支选择的分支结构控制。

1. 二分支选择结构——if 语句

if 语句的一般语法如下：

```
if(表达式){
    语句;
}
```

其执行过程是，先计算表达式的值，如果表达式为非 0（即为真），则执行选择结构内的语句；否则不执行任何语句，结束并退出 if 语句，继续执行 if 语句之后的程序部分。该格式中的"语句"有可能不被执行（当表达式为假时）。

其中，表达式必须是关系表达式或逻辑表达式，语句可以为简单语句或复合语句，本书后面的内容只要提到"语句"的部分都是指简单语句或复合语句。if 语句流程图如图 3-4 所示。

例 3.3 猜数字游戏：输入一个数字，判断是不是等于 5。如果是 5 打印"恭喜你"，如果不是 5 打印"很可惜"。

分析：这段代码考查了 scanf()函数、printf()函数、if(表达式){语句;}、关系运算符"=="等于、"!="不等于。当用户输入的是 5，那么 if 条件小括号的判断是 5==5 为真，那么就会执行{}大括号中的语句；如果用户输入的数字是 8，则不执行第一个 if 后面{}大括号中的语句，同时结束并退出第 1 个 if 语句，而继续执行第 2 个 if 语句，第 2 个 if 条件小括号的判断是 8!=5 为真，那么就会执行其后{}大括号中的语句。

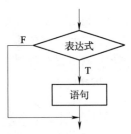

图 3-4 if 语句流程图

程序代码：

```
#include <stdio.h>
#include <stdlib.h>
int main() {
    int num;                        //先定义一个变量
    printf("请输入一个数字: \n");    //提示用户输入一个数字
    scanf("%d",&num);
    if (num == 5) {                 //判断这个数字是否等于 5
        printf("恭喜你! \n");       //如果等于 5,提示"恭喜你"
    }
    if (num != 5) {                 //如果不等于 5,提示"很可惜"
        printf("很可惜! \n");
    }
}
```

运行结果如图 3-5 所示。

图 3-5　猜数字游戏运行结果

程序说明：初学者容易在语句 if() 后面误加分号，例如：

```
if(x > y);x + = y;
```

这样相当于满足条件执行空语句，下面的 x+=y 语句将无条件执行。一般情况下，if 条件后面不需要加分号。

2. 二分支选择结构——if...else 语句

if 语句的标准形式为 if...else，当给定的条件满足时，执行一个语句；当条件不满足时，执行另一个语句。其一般语法格式如下：

```
if(表达式){
    语句 1;
}else{
    语句 2;
}
```

其执行过程：先计算表达式的值，如果表达式的值为非 0（即为真），则执行语句 1，否则执行语句 2。总之，该格式中的"语句 1"和"语句 2"总会有一个得到执行。

if...else 语句流程图如图 3-6 所示。

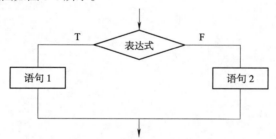

图 3-6　if...else 语句流程图

例 3.4　判断输入的整数是否是偶数。

分析：本例中判定一个整数是否为偶数的方法是让该数对 2 进行取模运算，如果结果是 0，那么这个数是偶数，否则，就不是偶数。

程序代码：

```c
#include <stdio.h>
#include <stdlib.h>
int main() {
    int num;                        //定义一个变量 num，存储用户输入的数字
    printf("请输入一个数字: \n");    //由用户输入一个整数，本质就是给 num 赋值
    scanf("%d", &num);
    if (num % 2 == 0) {             //num 与 2 取模运算等于 0，那么存在 num 的数字是偶数
        printf("%d是偶数", num);
    }
    else
```

```
        {
            printf("%d 不是偶数",num);
        }
}
```

运行结果如图 3-7 所示。

图 3-7　if...else 语句判定是否偶数运行结果

程序说明：if 后面 "()" 内的表达式应该为关系或逻辑表达式，该例中是一个关系表达式，判断两数是否相等。如果在条件括号内只是单一的一个量，则 C 语言规定：以数值 0 表示 "假"，以非 0 值表示 "真"。因为在 C 语言中，没有 "真" "假" 的逻辑量。

3. if...else 语句嵌套形式

前两种形式的 if 语句一般都用于两个分支情况。现实中的各种条件是很复杂的，在满足一定条件下，又需要满足其他的条件才能确定相应的动作。因此，C 语言提供了 if 语句的嵌套功能，即一个 if 语句能够在另一个 if 语句或 if...else 语句里，这种形式称为 if 语句的嵌套。if 语句嵌套的目的是解决多分支选择问题。

嵌套有如下两种形式。

1）嵌套在 else 分支中，形成 if...else...if 语句

其形式如下：

```
if(表达式 1){
    语句 1;
}else if(表达式 2){
    语句 2;
}else if(表达式 3){
    语句 3;
}else {
    语句 n;
}
```

其流程图如图 3-8 所示。

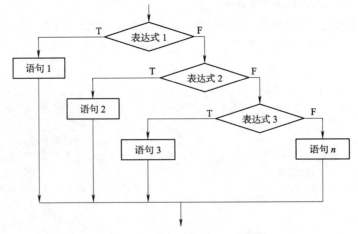

图 3-8　if...else...if 嵌套（1）流程图

例 3.5 评价学生成绩。按分数 score 输出等级：score>=90 为优秀，80<=score<90 为良好，70<=score<80 为中等，60<=score<70 为及格，score<60 为不及格。

分析：本例有 5 个分数段，所以 5 个输出语句只能有一个得到执行。是从高向低判断的，从 100 分开始判断，先考虑大于等于 90 分情况，然后是小于 90 分情况，再考虑大于等于 80 分情况，一直将所有情况分析完毕，为了代码的简洁，省略了非法数据的输入的判断，比如负数的输入。

程序代码：

```
#include <stdio.h>
#include <stdlib.h>
int main() {
    int score;                    //定义存储成绩的变量
    printf("输入成绩:\n");         //提示用户输入成绩
    //用户从键盘上输入成绩即为 score 赋值，注意&取地址符不能少
    scanf("%d",&score);
    if(score >= 90) {              //判断成绩是否大于等于 90
        printf("\n优秀\n");        //输出"优秀"在控制台，\n 为换行符
    }
    else if(score >= 80){          //判断成绩是否大于等于 80 小于 90
        printf("\n良好\n");        //输出"良好"在控制台
    }
    else if(score >= 70)           //判断成绩是否大于等于 0 小于 80
    {
        printf("\n中等\n");        //输出"中等"在控制台
    }
    else if(score >= 60) {
        printf("\n及格\n");        //输出"及格"在控制台
    }
    else {
        printf("\n不及格\n");      //输出"不及格"在控制台
    }
}
```

运行结果如图 3-9 所示。

图 3-9 评价学生成绩运行结果

程序说明：一般使用嵌套结构的 if 语句时，需注意合理地安排给定的条件，即符合给定问题在逻辑功能上的要求，又要增加可读性。

2）嵌套在 if 分支中

其形式如下：

```
if(表达式 1){//深色底色是嵌套的 if...else
    语句 1;
    if(表达式 01){
        语句 01;
    }else{
        语句 02
```

```
        }
}else{
    语句 2;
}
```

其流程图如图 3-10 所示。

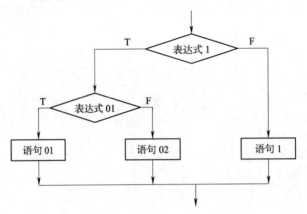

图 3-10　if...else 嵌套（2）流程图

例 3.6　场景：假设儿童游乐园入园规则，进入儿童游乐园，不得自身携带大型玩具，第一关要进行大型玩具检测，第二关是入园检票环节。判断游客是否能够通过两关进入游乐园。

分析：不能进入游乐园的情况有两种，第一种情况是儿童携带大型玩具长度超过了 20 厘米，属于大型玩具不能进入游乐园。第二种情况是儿童玩具虽然长度小于 20 厘米，但是没有购入园票，所以不能进入游乐园。此处，是在 if 后面嵌套 if...else 即有两层判断，第一层判断是玩具长度是否符合入园规则，是外层 if...else 语句，第二层判断是否有入园票。第二层又是一个 if...else 语句。为了代码简洁就省去了判断不符合规则数据输入，比如负数或其他数字。

程序代码：

```
#include <stdio.h>
#include <stdlib.h>
int main() {
    //定义变量玩具长度,存储玩具的长度
    int toy_length = 0;
    //定义是否有票的变量,有票ticket存储值为1,否则是0
    int ticket = 0;
    //提示输出玩具长度
    printf("输入玩具的长度-->:\n");
    //用户输入长度,必须带上取地址符&
    scanf("%d", &toy_length);
    if (toy_length < 20) {
        //提示用户可以进入下一关
        printf("玩具长度是%d厘米,小于20厘米,通过第一关,进入下一关检票\n",toy_length);
        //提示用户出示入园票据
        printf("\n请输入数字1或0,1表示有票,0表示无票-->:\n");
        scanf("%d",&ticket);
        if (ticket == 1) {
            printf("你有票可以,可以进入游乐园等候区等待,等待导游引入园区\n");
        }else {
            printf("你没有购票,不可以进入游乐园等候区,请购买入园票\n");
```

```
        }
    }else{
        printf("\n你所带玩具长度是：%d厘米，大于20厘米，属于大型玩具。\n你不能进入，请购票且妥善处理玩具，方可入园\n",toy_length);
    }
}
```

运行结果如图3-11所示。

（a）不能进入游乐园的第 1 种情况

（b）不能进游乐园的第 2 种情况

（c）能够进游乐园只有一种情况

图3-11 判断乘客是否能进火车站的运行结果

程序说明：if 嵌套注意外层选择为"真"时候，才能进入内层选择结构，当外层和内层结构都为"真"，才能执行 if 嵌套的内层结构。

4．多分支选择结构——switch 语句

前面介绍了if语句的嵌套结构可以实现分支，但实现起来，if的嵌套层数过多，程序冗长且较难理解。还会使得程序的逻辑关系不清晰。如果采用switch 语句实现分支则结构比较清晰，而且更容易阅读以及编写。

switch 语句的一般语法格式如下：

```
switch(表达式){
    case 常量表达式1: 语句1;[break];
    case 常量表达式2: 语句2;[break];
    ...
    case 常量表达式n: 语句n;[break];
    [defaul:语句 n+1;]
}
```

其中，[]括起来的部分是可选的。

执行过程：先计算 switch 表达式的值，并逐个与 case 后面的常量表达式的值相比较，当表达式的值与某个常量表达式 n 的值一致时，则从该 case 后的语句 n 开始执行，直到遇到 break 语句或 switch 语句的"}"；若表达式与任何常量表达式值均不一致，则执行 default 后面的语句或执行 switch 结构的后续语句。

例3.7 场景：假设开设了一家湘菜馆，接受用户输入的数字，则在控制台输出打印相应的菜名。

分析：menuNum 的值与第一个 case 后的常量 1 一致，就处理它后面的输出语句，然后遇到 break 语句，退出 switch 结构。同样，如果 menuNum 的值是 2，则输出"浏阳蒸菜"；如果

menuNum 的值除了 1~6 的其他值，程序则输出 "default" 后面的字符串，然后退出 switch 语句，"default" 后面的 break 关键字可以选。

程序代码：

```c
#include <stdio.h>
#include <stdlib.h>
int main() {
    //定义一个变量存储用户输入的数字
    int menuNum = 0;
    //提示用户输入数字
    printf("\n湘菜馆开业，请点菜，请输入1-6的整型数字：\n");
    //接收用户从键盘输入的数字，注意&取地址符不能少
    scanf("%d",&menuNum);
    switch (menuNum)
    {
        case 1:printf("\n长沙臭豆腐\n");
            break;
        case 2:printf("\n浏阳蒸菜\n");
            break;
        case 3:printf("\n衡阳鱼粉\n");
            break;
        case 4:printf("\n永州血鸭\n");
            break;
        case 5:printf("\n宁远酿豆腐\n");
            break;
        case 6:printf("\n毛氏红烧肉\n");
            break;
        default:printf("\n传统全家福菜\n");
            break;
    }
}
```

运行结果如图 3-12 所示。

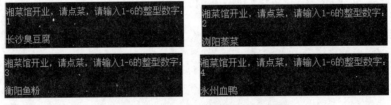

图 3-12 switch 语句点菜运行结果

程序说明： switch 后面的表达式类型一般为整型、字符型和枚举型，不能为浮点型。常量表达式 n 仅起语句标号作用，不作求值判断。每个常量表达式的值必须各不相同，没有先后次序。多个 case 语句可以共用一组执行语句。

例3.8 根据一个代表月份的 1~12 之间的整数，在屏幕上输出它代表是哪个季节。

分析： 当 seasonNum 的值与 case 后的常量 1、2、3 一致，因为 case 1:、case 2:没有其他语句，也没有 break 语句，直接穿透到 case 3:处理 case 3:后面的输出语句，然后遇到 break 语句，退出 switch 结构。同样，如果 seasonNum 值为 4、5、6，则输出 "夏天……"；如果 seasonNum

的值除了 1～12 的其他值，程序则执行 "default" 后面的输出语句，遇到 "beak;}",break 关键字可选，退出 switch 结构。

程序代码：

```c
#include <stdio.h>
#include <stdlib.h>
int main() {
    //定义一个变量存储月份的整数
    int seasonNum = 0;
    //提示用户输入一个1-12的整型数据
    printf("\n输入一个数字，代表1-12的月份: \n");
    //接收用户从键盘上输入的数字，&取地址符不能少
    scanf("%d", &seasonNum);
    switch (seasonNum)
    {
        case 1:
        case 2:
        case 3:printf("\n春天: 万物复苏，花开满园，生机勃勃，春意盎然。\n");
            break;
        case 4:
        case 5:
        case 6:printf("\n夏天: 阳光灿烂，绿树成荫，热情似火，夏日炎炎。\n");
            break;
        case 7:
        case 8:
        case 9:printf("\n秋天: 金风送爽，硕果累累，色彩斑斓，秋意浓浓\n");
            break;
        case 10:
        case 11:
        case 12:printf("\n冬天: 寒风凛冽，银装素裹，白雪皑皑，冬日静谧。\n");
            break;
        default:printf("\n你输入一个错误的数字！！\n");
            break;
    }
}
```

运行结果如图 3-13 所示。

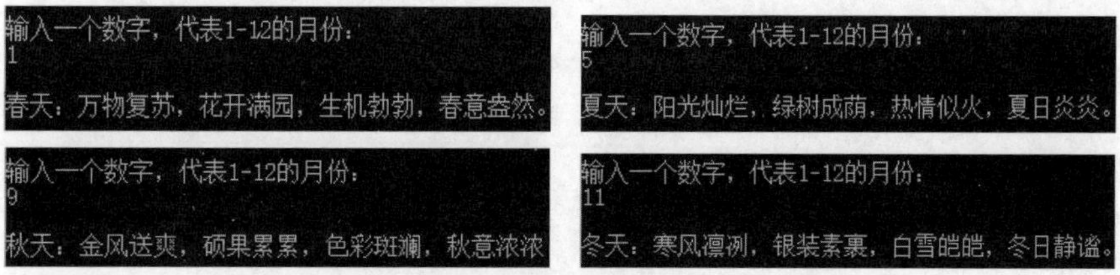

图 3-13 switch 语句季节选择运行结果

程序说明： 以上代码执行时，如果 seasonNum 的值为 1 或者 2 或者 3，则输出 "春天……"，如果 seasonNum 的值为 4 或者 5 或者 6，则输出 "夏天……"，如果 seasonNum 的值为 7 或者 8 或者 9，则输出 "秋天……"，如果 seasonNum 的值为 10 或者 11 或者 12，则输出 "冬天……"。

3.4 循环结构程序设计

当遇到的问题需要做重复的、有规律的运算时,可以使用循环结构来实现。循环结构是程序中一种很重要的结构,其特点是,在给定条件成立时,反复执行某段程序段,直到条件不成立为止。给定的条件称为循环条件,反复执行的程序段称为循环体。

一般说一个循环需要以下几部分构成:

(1)循环控制条件:循环退出的主要依据,来控制循环到底什么时候退出。

(2)循环体:循环过程中重复习性的代码段。

(3)能够让循环结束的语句(递增、递减、真、假等):能够让循环条件为假的依据,否则退出循环。

1. 循环结构的定义

循环结构是指在满足循环条件时反复执行的循环代码块,直到循环条件不能满足为止。C 语言中有三种循环语句可用来实现循环结构,for 语句、while 语句和 do...while 语句。这些语句各有特点,而且常常可以互相替代。在编程时,应根据题意选择合适的循环语句。下面先来看一个具有循环结构程序的例子。

例3.9 计算 100 以内的偶数之和。

分析:该程序是一个循环结构的程序,在执行过程中会根据循环条件反复执行循环体里面的语句,直到条件不能满足为止。本例中,从 i 为 1 开始,累计求 100 以内偶数的和,直到 i 为 101 时,不满足 i<=100 这个循环条件则终止循环。

程序代码:

```
#include <stdio.h>
#include <stdlib.h>
int main() {
    //定义一个变量i, 控制循环
    int i = 1;
    //定义一个累加变量
    int sum = 0;
    while (i <= 100) {//开始循环的条件
        //该数与2进行取模运算,结果是0,是偶数
        if (i % 2 == 0) {
            sum = sum + i;
        }
        //控制循环结束条件
        i = i + 1;
    }
    //输出最终结果
    printf("\n1-100之间的偶数之和是%d\n", sum);
}
```

运行结果如图 3-14 所示。

```
1-100之间的偶数之和是2550
```

图 3-14　while 循环语句偶数之和运行结果

程序说明：循环结构容易丢掉的是退出循环条件，如果忘记加退出循环条件，该循环程序就是死循环，无止境的执行循环体。

2．for 语句

for 语句是 C 语言中最为灵活的循环语句之一，不但可以用于循环次数确定的情况，也可以用于循环次数不确定（只给出循环结束条件）的情况。其一般语法格式如下：

```
for(表达式1;表达式2;表达式3){
    循环体语句;
}
```

它的执行过程如下：

①计算表达式 1 的值。

②判断表达式 2，如果其值为非 0（真），则执行循环体语句，然后执行第 3 步；如果其值为 0（假）则结束循环，执行第⑤步：

③计算表达式 3。

④返回，继续执行第②步。

⑤循环结束，执行 for 后面的语句。

该循环的流程图如图 3-15 所示。

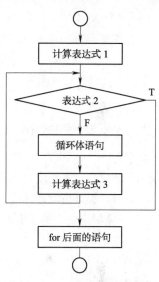

图 3-15　for 循环语句流程图

例 3.10　求 1～100 之间的数的总和。

分析：定义循环变量 i，表达式 1（i=0）是给循环变量赋初值；表达式 2（i<=100）决定了循环能否执行的条件，称为循环条件;循环体部分（重复执行语句）是 sum=sum+1；表达式 3（i++）使循环变量每次增 1，又称为步长（在这里步长为 1）。

程序代码：

```c
#include <stdio.h>
#include <stdlib.h>
int main() {
    int sum = 0;
    int i;
    for ( i = 0; i <= 100; i++)
    {
        sum = sum + i;
    }
    printf("\nsum =% d\n", sum);
}
```

运行结果如图 3-16 所示。

图 3-16　for 循环计算 1～100 之和运行结果

程序说明：它的执行过程是，先给循环变量 i 赋初值为 0，再判断 i 是否小于等于 100，如果为真，执行语句 sum=sum+1，将 i 的值自增 1，再判断 i 是否小于等于 100，如果为真，再执行循环体并且 i 自增 1，一直到 i<=100 不成立时，循环结束。因此上面代码的作用是计算 1+2+…+100 的和。

为了更容易理解，可以将 for 语句形式改写为

```
for(循环变量赋初值;循环条件;循环变量增值){
    循环体语句;
}
```

1）for 循环的扩展形式

（1）表达式 1、2 和表达式 3 可以是一个简单的表达式，也可以是逗号表达式（即包含了一个简单表达式），例如：

```
for(i = 0,j = 100;i < j;i++,j--){k = i + j;}
```

这里的循环控制变量不止一个。而且表达式 1 也是可以是与循环变量无关的其他表达式。

（2）循环条件可由一个较复杂表达式的值类确定，例如：

```
for(i = 0;s[i] != c&&s[i] != '\0';++i)
```

（3）表达式 2 一般是关系表达式或逻辑表达式，但也可以是数值表达式或字符表达式，只要其值不等于 0 就执行循环体。例如：

```
for(k = 1;k - 4;k++){s = s + k;}
```

仅当 k 的值等于 4 时终止循环。k–4 是数值表达式。

2）for 循环省略形式

for 循环语句中的 3 个表达式都是可以省略的。

（1）省略"表达式 1"，此时应在 for 语句之前给循环变量赋初值。例如：

```
i = 1;
for(;i <= 100;i++){sum += i;}
```

（2）省略"表达式 2"，表示不判断循环条件，循环无终止的进行下去，也可以认为表达式 2 始终为真。例如：

```
for(i = 1;  ;i++){sum += i;}
```

上面的代码将无休止地执行循环体，一直做累加和。为了终止循环，要在循环体中加入 break 语句等。

（3）省略"表达式 3"，此时应在循环体内部实现循环变量的增量，以保证循环能够正常结束。例如：

```
for(i = 1;i <= 100;){sum += i;i++;}
```

相当于把"表达式 3"写在循环体内部，作为循环体的一部分。

（4）省略"表达式 1"和"表达式 3"，此时只给出循环条件。例如：

```
i = 1;
for(  ;i <= 100;  ){sum += i; i++;}
```

相当于把"表达式 1"放在循环的外面，"表达式 3"作为循环体的一部分。这种情况与下面将要介绍的 while 语句完全相同。

（5）3 个表达式都省略，既不设置初值，也不判断条件，循环变量不增值，无终止地执行循环体。例如：

```
for(  ;  ;  ){循环体语句;}
```

3．while 语句

while 语句用来实现当型循环，即先判断循环条件，再执行循环体。其一般语法格式如下：

```
While(表达式){
    循环体语句;
}
```

它的执行过程是，当表达式为非 0（真）时，执行循环体语句，然后重复上述过程，一直到表达式为 0（假）时，while 语句结束。例如：

```
i = 0;
while(i <= 100){
    sum += i;
    i++;}
```

说明：

（1）循环前，必须给循环控制变量赋初值，如上例中的"i=0;"。

（2）循环中，必须有改变循环控制变量值的语句（使循环趋向结束的语句），如上例中的"i++;"，否则循环永远不结束。

（3）与 for 不同的是，while 必须在循环之前设置循环变量的初值，在循环中有改变循环变量的语句存在；for 语句是在"表达式1"处设置循环变量初值，在"表达式3"处进行循环变量的增值。

4．do…while 语句

do…while 语句实现的是先执行循环体语句，后判断条件表达式的循环。其一般的语法格式如下：

```
do{
    循环体;
}while(表达式);
```

它的执行过程是，先执行一次循环语句，然后判断表达式是否为非 0（真）；如果为真，则再次执行循环语句。如此反复，一直到表达式的值等于 0（假）时，循环结束。

do…while 语句流程图如图 3-17 所示。

说明：

（1）do…while 语句是先执行循环体语句，后判别循环终止条件。与 while 语句不同，二者的区别在于，当 while 后面的表达式一开始的值为 0（假）时，while 语句的循环体一次也不执行，而 do…while 语句的循环体至少执行一次。

（2）通常情况下，do…while 语句是从 while 后面的控制表达式退出循环。但它也可以构成无限循环，此时要利用 break 语句直接跳出循环。

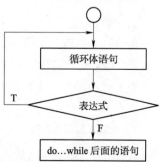

图 3-17　do…while 语句流程图

例3.11 使用 do...while 循环从 1 加到 n。

分析：在这个程序中，首先定义三个整数变量：n（用于存储用户输入的正整数）、sum（用于存储累加和，初始化为 0）和 i（用于循环计数，初始化为 1）。然后，使用 scanf()函数从用户那里获取一个正整数 n。接下来，使用 do...while 循环来计算从 1 加到 n 的和。在每次循环迭代中，将 i 加到 sum 上，并将 i 的值增加 1。然后，检查 i 是否小于或等于 n，如果是，则继续循环；否则，退出循环。最后，使用 printf()函数输出累加和。

程序代码：

```
#include <stdio.h>
#include <stdlib.h>
int main() {
    int n, sum = 0, i = 1;
    // 获取用户输入的正整数 n
    printf("请输入一个正整数 n: ");
    scanf("%d", &n);

    // 使用 do...while 循环从 1 加到 n
    do {
        sum += i;
        i++;
    } while (i <= n);

    // 输出结果
    printf("从 1 加到 %d 的和为: %d\n", n, sum);

    return 0;
}
```

运行结果如图 3-18 所示。

```
请输入一个正整数 n: 10        请输入一个正整数 n: 20
从 1 加到 10 的和为: 55        从 1 加到 20 的和为: 210
```

图 3-18 求 1~n 之间的数之和

程序说明：该程序一定是先运行，再进行条件判断，所以 do...while 结构不管条件是否成立，至少有一次运行。

5. 循环嵌套

循环嵌套是指一个循环结构的循环体内又包含另一个完整的循环结构。内嵌的循环中还可以嵌套循环，这样就构成了多重循环。

本节介绍三种循环（for 语句、while 语句和 do...while 语句）之间可以互相嵌套。如下面几种形式。

1）while 嵌套 while

```
while(){
    ...
    While(){ ... }
    ...
}
```

2）do...while 嵌套 do...while

```
do{
   ...
   do{ ... }while();
   ...
}while();
```

3）for 嵌套 for

```
for( ;  ;  ){
   ...
   for( ;  ;  ){
       ...
   }
   ...
}
```

4）while 嵌套 do...while

```
while(){
   ...
   Do{ ... }while();
   ...
}
```

5）for 嵌套 while

```
for( ;  ;  ){
   ...
   While(){ ... }
   ...
}
```

例 3.12 编写程序打印图 3-19 所示的金字塔图形。

分析：本例利用双重 for 循环，外层循环用 i 控制行数，内层循环用 k 控制星号的个数。每行星号的起始位置不同，即前面的空格数 j 是递减的，与行的关系可以用公式 j=5−i 表示。每行的星号数 k 不同，与行的关系可以用公式 k=2*i−1 表示。内循环控制由两个并列的循环构成，控制输出空格数和星数。本例还可以改变输出图形形状，如矩形、菱形等。

图 3-19 金字塔图形效果图

例 3.12

对于双重循环或多重循环设计，内层循环必须被完全包含在外层循环当中，不得交叉。内、外循环的循环控制变量尽量不要相同，否则会造成程序混乱。

程序代码：

```
#include <stdio.h>
#include <stdlib.h>
int main() {
    //定义变量i，控制外循环（行）
    //定义变量j，控制内循环空格（列）
    //定义变量k，控制内循环*号（列）
    int i, j, k;
    for (i = 1; i <= 5; i++)        //外循环，控制行数
```

```
    {
        //第一个内循环，控制空格列数，输出 5-i 个空格
        for (j = 1; j <= 5 - i; j++)
        {
            printf(" ");
        }
        //第二个内循环，控制*符号的列
        for ( k = 1; k <= 2 * i - 1; k++)
        {
            printf("*");              //控制输出 2*i-1 个星号
        }
        printf("\n");                 //每一行输出完后需要换行
    }
}
```

运行结果如图 3-20 所示。

程序说明：在嵌套循环中，外层循环执行一次，内层循环要执行若干次（即内层循环结束）后，才能进入外层循环的下一次循环，因此，内层循环变化快，外循环变化慢。

6．转向语句

在 C 语言中还有一类语句，即转向语句，它可以改变程序的流程，使程序从其所在的位置转向另一处执行。有两种常用转向语句，即 break 语句和 continue 语句。

图 3-20　金字塔运行结果

break、continue 语句经常用在 while 语句、do...while、for 语句、switch 循环语句中，二者使用时有区别。continue 只结束本次循环，而不是终止整个循环；而 break 则是终止本循环，从循环中跳出。

1）break 语句

前面已经介绍了 break 语句在 switch 语句中的作用是退出 switch 循环语句。break 语句在循环语句中使用时，可使程序跳出当前循环结构，执行循环后面的语句。根据程序的目的，有时需要程序在满足另一个特定的条件时立即终止循环，程序继续执行循环体后面的语句，使用 break 语句可以实现此功能。

其一般的语句格式如下：

```
break;
```

break 语句用在循环语句的循环体内的作用是终止当前循环语句。

2）continue 语句

根据程序的目的，有时需要程序在满足另一个特定的条件时结束本次循环重新开始下次循环，使用 continue 语句可实现该功能。continue 语句的功能与 break 语句不同，其功能是结束当前循环体的执行，而重新执行下一次循环。在循环体中，continue 语句被执行后，其后面的语句均不再执行。

例 3.13

例 3.13　从输出 0~9 的数字，比较在 break 和 continue 语句输出的效果。

分析：该程序是循环输出 0 到 9 的数字，在第一 for 循环语句嵌套了 if 语句，当 i 的值是 5 的时候，执行 break，整个循环就结束了，不再执行任何语句。第二个 for

循环语句同样嵌套了 if 语句，当 j 的值是 5 时候，只是跳过本次循环，但是循环没有结束，进行下一次循环，直到不满足循环条件。

程序代码：

```c
#include <stdio.h>
#include <stdlib.h>
int main() {
    printf("********第一个for循环，break案例**************\n");

    int i;
    for(i = 0;i < 9;i++){

        if(i == 5){
          break;
        }
            printf("\t i =% d\n",i);
    }
    printf("********continue案例**************\n");
    int j;
    for(j = 0;j < 9;j++){

        if(j == 5){
            continue;
        }
            printf("\t j =% d\t\n",j);
    }
    return 0;
}
```

运行结果如图 3-21 所示。

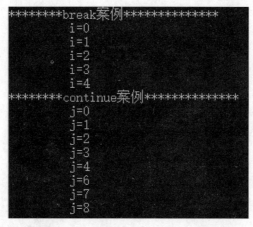

图 3-21　break 和 continue 语句运行结果

程序说明：

（1）作用。break 用于完全终止循环或 switch 语句；continue 用于跳过当前循环迭代的剩余部分，继续下一次迭代。

（2）使用场景。当你想在满足某个条件时立即停止整个循环时，使用 break；当你想在满足某个条件时跳过当前循环迭代的其他部分时，使用 continue。

（3）跳出范围。break 和 continue 都只影响它们所在的最内层循环或 switch 语句。

（4）在 switch 语句中的使用。break 在 switch 语句中也是必需的，用于防止 case 穿透（即多个 case 执行相同的代码块）；continue 在 switch 语句中无效，因为它不是循环控制语句。

（5）语法。break;和 continue;都是单独的语句，后面不需要跟任何表达式或参数。

本节通过一个综合应用的例子，再熟悉一下前面学习的选择、循环和转向等语句。

例 3.14 编写一个程序，模拟具有加、减、乘、除四种功能的简单计算器。

分析：本例选择和循环语句实现了程序的功能。该程序首先进行程序的初始化操作，然后进行循环设置，在循环体内完成处理命令、显示运算结果、提示用户输入命令字符以及读取命令字符等工作。程序总的控制结构是一个 while 循环，而对于不同命令处理，则多分支的 switch 语句来完成，它嵌套在循环语句当中。

程序代码：

```c
#include <stdio.h>
#include <stdlib.h>
int main() {
    char command_begin;              //开始字符
    double first_number;             //存放第 1 个操作数
    char mycharacter;                //存放运算符号（+、-、*、/）的变量
    double second_number;            //存放第二个操作数
    double myvalue;                  //存放计算结果的变量
    printf("简单计算器程序\n. . . . . . . . . . .\n");
    printf("在'>'提示后输入一个命令字符\n");//输出提示信息
    printf("是否开始？（Y/N）>");     //输出提示信息
    scanf("%c", &command_begin);     //输入 Y/N
    while (command_begin == 'Y' || command_begin == 'y') {
        printf("请输入一个简单的算式：\n");
        printf("请输入第一个操作数----->: \t");
        scanf("%lf",&first_number);
        printf("请输入运算符+, -, *, /任选一个---->: \t");
        //注意%c 前面需要空格
        scanf(" %c", &mycharacter);
        printf("请输入第 2 个操作数--->: \t");
        scanf("%lf", &second_number);
        printf("%.2lf%c%.2lf",first_number,mycharacter,second_number);
        switch (mycharacter)
        {
        case '+':
            myvalue = first_number + second_number;printf("=%.2lf\n", myvalue);
            break;
        case '-':
            myvalue = first_number - second_number;printf("=%.2lf\n", myvalue);
            break;
        case '*':
            myvalue = first_number * second_number;printf("=%.2lf\n", myvalue);
            break;
        case '/':
```

```
            //如果除数（分母）为 0，重新输入算式，直到除数不为零为止
            while (second_number == 0)
            {
            printf("除数为 0，请输入一个新的算式：操作数 /   操作数--》\t");
            //注意%c 前面需要空格
            scanf("%lf %c%lf", &first_number, &mycharacter, &second_number);
            }
            myvalue = first_number / second_number;printf("=%.2lf\n", myvalue);break;
        default:printf("你输入的字符有误\n");break;
        }
        printf("是否继续运算？（Y/N)");       //输出提示信息
        fflush(stdin);                        //清除缓存
        //注意%c 前面需要空格
        scanf(" %c", &command_begin);         //输入 Y/N
    }
    printf("\n你输入了字符 N 或者 错误 的字符，所以程序退出\n");
}
```

运行结果如图 3-22 所示。

图 3-22　模拟简单计算器运算结果

程序说明：该程序是死循环与 switch 结合使用，输入 n/N 或者其他字符都会跳出死循环。当进行除法运算时候，若除数为 0，会提醒用户重新输入一个算式。当用户输入 n/N 或者其他字符时，程序会跳出循环，结束运行。

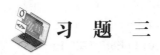

习　题　三

一、选择题

1. 在 C 语言中，顺序结构的特性是（　　）。

    A．代码从上到下依次执行　　　　　　　B．根据条件选择执行路径

C. 重复执行某段代码 D. 以上都不是

2. 下列（　　）关键字用于 C 语言中的条件选择结构。
   A. for   B. while   C. if   D. do

3. if 语句后面跟的表达式应该返回（　　）类型的值。
   A. 整数
   B. 浮点数
   C. 布尔值（真或假）
   D. 任意类型

4. 在 if...else 语句中，如果 if 条件为真，则执行（　　）。
   A. if 后面的代码块
   B. else 后面的代码块
   C. 两个代码块都执行
   D. 不执行任何代码块

5. if...else 嵌套是指（　　）。
   A. 在一个 if 或 else 语句中再次使用 if...else
   B. if 和 else 必须连续使用
   C. if 语句中不能包含 else
   D. else 后面可以再跟 if 但不能再跟 else

6. 下列表达式语句正确的是（　　）。
   A. a + b;
   B. int a = 10;
   C. if (a > b) { return 0; }
   D. printf("Hello, world!");

7. 下列选项中 if...else 语句正确的是（　　）。
   A. if (a > b) a = b; else a = c;
   B. if (a > b) { a = b; } else a = c;
   C. if a > b then a = b else a = c;
   D. if (a > b) { a = b; } else { a = c; }

8. 下列选项中 switch...case 语句正确的是（　　）。
   A. switch (a) { case 1: a++; break; case 2: a--; }
   B. switch a { case 1: a++; break; case 2: a--; }
   C. switch (a) { case 1: a++; case 2: a--; }
   D. switch (a) { case 1 a++; case 2: a--; break; }

9. 下列选项中 while 语句正确的是（　　）。
   A. while (i < 10) { i++; printf("%d", i); }
   B. while i < 10 { i++; printf("%d", i); }
   C. int i = 0; while (i < 10) i++; printf("%d", i);
   D. while (i < 10) i++; { printf("%d", i) }

10. 下列选项中 do...while 语句正确的是（　　）。
    A. do { i++; } while (i < 10);
    B. do i++; while (i < 10);
    C. do { i++; printf("%d", i); } while (i < 10);
    D. do { i++; } while (i < 10) { printf("%d", i); };

11. 下列选项中 break 语句使用正确的是（　　）。
    A. for (int i = 0; i < 10; i++) { if (i == 5) break; printf("%d", i); }
    B. break;
    C. while (i < 10) { break; printf("%d", i); }

D. switch (a) { case 1: break; printf("One"); }

二、编程题

1. 编写一个程序，根据用户输入的月份数字（1~12），使用 switch...case 语句输出该月份对应的英文名称。

2. 编写一个程序，使用 for 循环和 if...else 语句，打印出 1~100 的所有素数。

3. 编写一个程序，根据用户输入的年份判断是否为闰年，并输出判断结果。

4. 编写一个程序，使用 for 循环计算 1 到用户输入的数字 n 之间所有偶数的平方和。

5. 编写一个程序，使用 for 循环和 if...else 语句，找出 1~100 的所有水仙花数。

6. 打印一个直角三角形，行数由用户输入决定。

第 4 章 函数与模块化程序设计

C 语言源程序是由函数组成的。虽然在前面各章的程序中大都只有一个主函数 main()，但实用程序往往由多个函数组成。函数是 C 语言源程序的基本模块，通过对函数模块的调用实现特定的功能。

C 语言不仅提供了极为丰富的库函数（如 Turbo C、Microsoft Visual C++都提供了三百多个库函数），还允许用户建立自己定义的函数。用户可把自己的算法编成一个个相对独立的函数模块，然后用调用的方法来使用函数。可以说 C 语言程序的全部工作都是由各式各样的函数完成，所以也把 C 语言称为函数式语言。

4.1 函数概述

如果编写的程序越来越长，有成百上千行语句甚至更多，且只用一个 main()函数来实现，那么 main()函数的代码就会冗长，造成编写、阅读困难，又给调试和维护带来了诸多不便。那么怎样调试才能比较方便、简洁、有效呢？要解决这些问题，就要使用本章介绍的函数。

1. 函数的定义

一个 C 语言源程序可以由一个或多个文件构成（C 语言文件扩展名是".c"），一个源文件是一个编译单位。一个源文件可以由若干个函数构成，也就是说，函数是 C 语言程序的基本组成单位。每个程序有且有一个 main()主函数，其他的函数都是子函数。主函数可以调用其他的子函数，子函数之间可以互相调用任意多次，函数调用的示意图如图 4-1 所示。

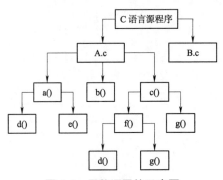

图 4-1 函数调用的示意图

其中，A.c 和 B.c 是 C 程序的源文件，a()~g()代表各个子函数。

例 4.1　函数调用简单示例。

程序代码：

```c
#include <stdio.h>
#include <stdlib.h>
//定义一个函数，功能是输出一串*号
void printStart() {
    printf("\n***************\n");
}
//定义一个函数，求两个数的和
int sum(int a, int b) {
    return a + b;
}
//main()主函数调用子函数
int main() {
    //定义两个变量，并赋值，作为实参，传递值给形参
    int x = 10, y = 30;
    //调用没有返回值的函数
    printStart();
    //调用带有返回值的函数，定义一个变量接收这个值
    int z = sum(x, y);
    //打印输出求和得到的值
    printf("\n%d+%d=%d\n",x,y,z);
    //再次调用没有返回值的打印*符号函数
    printStart();
}
```

运行结果如图 4-2 所示。

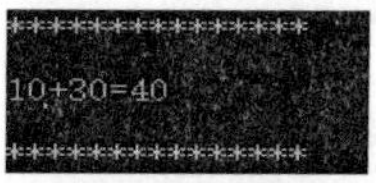

程序说明： 本例程序由 3 个函数构成，分别是 main()函数、printStart()函数、sum()函数。其中，main()函数是程序的入口函数，是每个 C 必须有的函数；printStart()函数是自定义函数，作用是输出一行*号；而 sum()函数也是自定义的函数，作用是计算两个数的和，并返回给调用它的函数一个执行结果。在 main()函数中，按照所要完成的功能，调用了两次 printStart()函数，调用了一次 sum()函数。

图 4-2　函数调用运行结果

函数可以多次调用，一定要注意函数的返回值类型和函数的参数的数据类型。如果函数有返回值，且调用后要存储该值，就要与函数返回值类型的相同数据类型声明变量存储结果。函数的形式参数是什么数据类型，传递的实参数据也应该与之匹配的数据类型。

2．函数的分类

在 C 语言中可从不同的角度对函数分类。

（1）从函数的定义角度看，函数可以分为库函数和用户自定义函数两种。

库函数（标准函数）：由 C 语言系统提供，用户无须定义，也不必在程序中作类型说明，只需在程序前面包含有该函数原型的头文件即可在程序中直接调用。在前面各章的例题中反复用到 printf()、scanf()、getchar()、putchar()、gets()、puts()、strcat()等函数均属此类。

用户定义函数：由用户按需要写的函数。对于用户自定义函数，不仅要在程序中定义函数本身，而且在主调函数模块中还必须对该被调函数进行类型说明，然后才能使用。

（2）从有无返回值的角度，可以将函数分为有返回值函数与无返回值函数。

①有返回值函数：此类函数被调用执行完成后将向调用者返回一个执行结果，称为函数的返回值。如数学函数即属于此类函数。由用户定义的这种要返回值的函数，必须在函数定义和函数说明中明确返回值类型。

②无返回值函数：此类函数用于完成某项特定的处理任务，执行完成后不向调用者返回值函数。由于函数无须返回值，用户在定义此类函数时可指定它的返回为"空类型"，空类型的说明符为 void。

（3）从主调函数和被调函数之间数据传送的角度看又可分为无参函数和有参函数两种。

①无参函数：函数定义、函数说明及函数调用中均不带参数。主调函数和被调函数之间不进行参数传送。此类函数通常用来完成一组指定功能，可以返回或不返回函数值。

②有参函数：也称为带参函数。在函数定义及函数说明时都有参数，称为形式参数（简称形参）。在函数调用时也必须给出参数，称为实际参数（简称实参）。进行函数调用时，主调函数将把实参的值传送给形参，供被调函数使用。

（4）C 语言提供了极为丰富的库函数，这些库函数又可从功能角度作以下分类。

①字符类型分类函数：用于对字符按 ASCII 码分类，字母、数字、控制字符、分隔符、大小写字母等。

②转换函数：用于字符或字符串的转换，在字符量和各类字量（整型、实型等）之间进行转换；在大、小写之间进行转换。

③目录路径函数：用于文件目录和路径操作。

④诊断函数：用于内部错误检测。

⑤图形函数：用于屏幕管理和各种图形功能。

⑥输入输出函数：用于完成输入输出功能。

⑦接口函数：用于与 DOS、BIOS 和硬件的接口。

⑧字符串函数：用于字符串操作和处理。

⑨内存管理函数：用于内存管理。

⑩数学函数：用于数学函数计算。

⑪日期和时间函数：用于日期、时间转换操作。

⑫进程控制函数：用于进程管理和控制。

⑬其他函数：用于其他各种功能。

> **注意**：程序不仅可以调用系统提供的标准库函数，而且可以自定义函数。在程序设计语言中引入函数的目的是使程序更便于维护，结构上更加清晰，减少重复编写代码的工作量，提高程序开发效率。

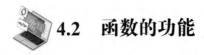

4.2 函数的功能

函数的功能指的是函数所执行的具体任务或操作。函数是程序中的一个独立模块，它封装了一段代码，用于实现特定的功能或执行特定的任务。函数的设计使代码更加模块化、结构化和易于理解。

作为 C 语言程序的基本组成部分来说，函数是具有相对独立性的程序模块，能够供其他程序调用，并在执行完自己的功能后，返回调用它的函数中。函数的定义实际上就是描述一个函数所完成功能的具体过程。

函数定义的一般形式如下：

```
函数类型  函数名(类型说明符  变量名,类型说明变量名,...)
    {
       函数体；
    }
```

例4.2 定义求最大值的函数。

程序代码：

```c
#include <stdio.h>
#include <stdlib.h>
//定义函数mymax()
int mymax(int num01, int num02){
    //定义变量存储最终值
    int temp;
    //求a,b两个数的最大值,赋给temp
    temp = num01 > num02 ? num01 : num02;
    //将最大值返回
    //return 含义：（1）程序遇到return 运行结束
    //（2）主函数调用该函数会得到一个结果或者值
    //（3）这个结果可以存储，可以使用，可以输出
    return temp;
}
int main() {
    //定义两个变量,存储两个数
    int xNum01, yNum02;
    printf("请输入两个整数:\n");
    //scanf()函数接受用户输入的数,&取地址符不能少
    scanf("%d,%d",&xNum01,&yNum02);
    //这里调用mymax()函数传递参数,直接输出
    printf("\n%d和%d的最大值为:%d\n",xNum01,yNum02,mymax(xNum01,yNum02));
}
```

运行结果如图 4-3 所示。

程序说明： 本例中的 mymax()函数是通过三元运算符，求 num01、num02 两者中的最大值的函数。主要考查实参是通过用户从键盘输入的数据存储到变量当中，然后传递给函数的形参。

图 4-3 求两个数的最大数运行结果

以例 4.2 中 mymax()函数为例，对函数说明如下。

num01 和 num02 是形式参数，当主调函数 main()调用 mymax()函数时，把实际参数 xNum01、yNum02 的值传递给被调用函数中的形参 num01、num02；Mymax()后面括号中的"int a,int b"对形参作类型说明，定义 num01、num02 为整型；大括号括起来的部分是函数体，作用是计算出 num01 和 num02 的最大值并赋值给 temp，通过 return 语句将 temp 的值返回到主调函数中。

（1）函数名必须符合标识符的命名规则（即只能由字母、数字和下划线组成，开头只能为字母或下划线），且同一个程序中函数名不能重名，函数名用来唯一标识一个函数。函数名建

议能够见名知意。如函数名为mymax，一看就是求最大值。

（2）函数类型规定了函数的返回值类型。如果mymax()函数是int类型，函数的返回值也是int类型，函数的返回值变量temp的类型是int型。也就是说函数值的类型和函数的类型应该一致的，它可以是C语言中任何一种合法的数据类型。若函数类型关于返回值类型不一致，系统会把返回值类型自动转换成函数类型返回。

如果函数不需要返回值（即无返回值函数），则必须用关键字void加以说明。默认的返回值类型是int类型。例如：

```
double mymax(int a,int b)      //函数的返回值类型为double类型
void  mymax(int a,int b)       //函数无返回值
mymax(int a,int b)             //函数返回值类型不写，表示默认为int型
```

（3）函数名后面圆括号括起来的部分称为形式参数列表（即形参列表），如果有多个形式参数，应该分别给出各形式参数的类型，并用逗号隔开，该类函数称为有参函数。例如：

```
int mymax(int a,int b,flat c)
//有参函数，有3个形参a,b,c中间用逗号隔开，每个参数分别说明类型
```

如果形参列表为空，则称为无参函数。无参函数的定义形式如下：

```
类型说明  函数名(){
    函数体;
}
```

例如：

```
int mymax()           //无参函数
```

> ❗**注意**：函数名后面的圆括号的形参列表可以为空（即可以没有参数），但圆括号一定要有。有参函数与无参函数的唯一区别就是括号里面有没有参数，其他都是一样的。

（4）函数体时由一对花括号"{}"括起来的语句序列，用于描述函数所要进行的操作。函数体包含了说明部分和执行部分。其中，说明部分对函数体内部所用到的各种变量类型进行定义和声明，对被调用的函数进行声明；执行的部分是实现函数功能的语句序列。如例4.2中"int temp;"是函数体说明部分，执行部分很简单，只有后面两句。

> ❗**注意**：函数体一定要用花括号括起来，例如，主函数的函数体也是用花括号括起来的。

（5）还有一类比较特殊的函数是空函数，即函数体内没有语句。调用空函数时，空函数表示什么都不做。例如：

```
void empty(){  }
```

使用空函数的目的仅仅是"占位置"。因为在程序设计中，往往会根据需要确定若干个模块，分别由一个函数来实现，而在设计阶段，需要一个一个模块（函数）设计、调试，在编写程序时，在将来准备扩充功能的地方写上一个空函数，占一个位置，以后逐一设计函数代码代替空函数。利用空函数占位，对于复杂程序的编写、调试及功能扩充非常有用。

（6）C语言程序中所有的子函数都是平行的，不属于任何其他函数，它们之间可以互相调用。但是函数的定义不能包含在另一个函数的定义内，即函数定义不能嵌套。下面这种函数定义形式是不正确的：

```
int func_fst(int a,int b)      //第1个函数的定义
{      ...
    int func_snc(int c,int d){
       ...
         }
       ...
}
```

如果中间 func_snc()函数的功能相对独立,就把它放在 func_fst()函数外面进行定义,而在 func_fst()函数中可以对它进行调用,例如:

```
int func_fst(int a,int b)      //第一个函数的定义
{
    func_snd(m,n);              //对第二个函数的调用
}
int func_snd(int c,int d)      //第二个函数的定义
{
    ...
}
```

如果 func_snd()函数不具备独立性,与上下文联系密切,就不需要再设置一个函数,而直接将代码嵌入第一个函数的定义中,作为其中的一部分即可。

(7) 在函数定义中,可以包含对其他函数的调用,后者又可以调用另外的函数,甚至自己调用自己,即递归调用。但子函数不能调用主函数,主函数可以调用任意的子函数。

4.3 函数的返回值及类型

通常希望通过函数调用,不仅完成一定的操作,还要返回一个确定的值,这个值就是函数的返回值。前面提到过函数有两种,一种是带返回值的,另一种是不带返回值的。那么函数的返回值是如何得到的,又有什么要求?

1. 函数的返回值

函数的返回值是通过函数中的 return 语句实现的。return 语句将被调用函数中的一个确定值返回给主调函数,如下面范例。

例4.3 编写 mycube()函数用于计算 x^3。

程序代码:

```
#include <stdio.h>
#include <stdlib.h>
//定义函数mycube(),返回类型为long
long mycube(long x) {
long z;
z = x * x * x;
//通过return返回所求结果,结果类型也应为long
return z;
}
int main() {
    long num01, num02;
```

```
    printf("\n请输入一个整数:\n");
    //scanf()函数接收用户输入的数据,&不能少
    scanf("%ld",&num01);
    //调用函数同时传递实参会得到一个值
    //将这个值存入 num02 的变量中
    num02 = mycube(num01);
    printf("\n%ld 的立方为: %ld\n",num01,num02);

}
```

运行结果如图 4-4 所示。

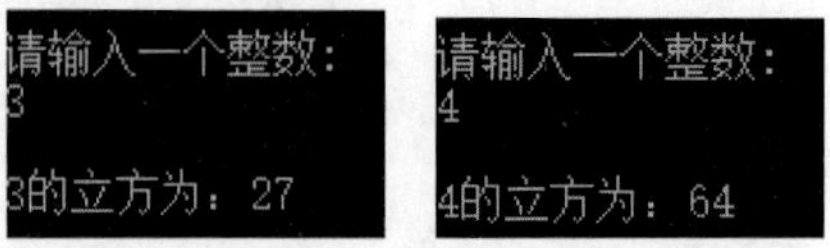

图 4-4　求一个数的立方运行结果

程序说明：本例首先执行主函数 main()，当主函数执行到 num02=mycube(num01)时，调用 mycube()子函数，把实际参数的值传递给被调用函数中的形参 x。在 mycube()函数体中定义变量 z 得到 x 的立方值，然后通过 return 将 z 的值（z 即函数的返回值）返回到调用它的主调函数中，将结果赋给 num02，最后在主函数中输出 num02。

return 语句后面的值是可以是表达式，如例 4.3 中的 mycube()函数可以改写为

```
long mycube(long x){
    return x*x*x;
}
```

该例中只有一条 return 语句,后面表达式已经实现了求 x^3 的功能,先求解后面表达式 x*x*x 的值，然后返回。

return 语句有两种格式:

```
return expression ;
```

或

```
return (expression);
```

也就是说，return 后面的表达式可以加括号，也可以不加括号。return 语句的执行过程是首先计算表达式的值，然后将计算结果返回给主调函数。例题中的 return 语句还可以写为

```
return (z);
```

2. 函数的返回值类型

在定义函数时，必须指明函数的返回值类型，而且 return 语句中表达式的类型应与函数定义时首部的函数类型是一致的，如果二者不一致，则函数定义时函数首部的函数类型为准。

例 4.4　改写例 4.3。

分析：本例主要考查函数 mycube()的返回值类型与 return 后面的变量的数据类型不一致的时候，那么主函数调用被调函数会带回来一个什么样的数据类型。且当存储被调函数的变量 num02 的数据类型与函数返回值类型不同时，存储在变量 num02 的数据类型的变化情况。

程序代码：

```
#include <stdio.h>
```

```
#include <stdlib.h>
//定义一个mycube()函数,返回值类型为int
int mycube(float x) {
    /*定义返回值为z,类型为float*/
    float z;
    z = x * x * x;
    //通过return返回所求结果
    return z;
}

int main() {

    float num01;
    int num02;
    printf("请输入一个数: ");
    scanf("%f",&num01);
    num02 = mycube(num01);
    printf("\n%.2f 的立方为:%d\n",num01,num02);
}
```

运行结果如图 4-5 所示。

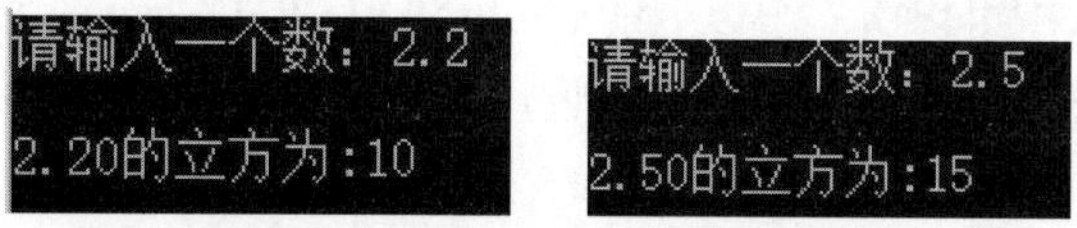

图 4-5　求一个数的立方运行结果

程序说明：mycube()函数返回值类型定义为整型，而 return 语句中的 z 为浮点型，二者不一致。按上述规定，用户输入的数为 2.2，则先将 z 值转为整型 10（即 10.68 去掉小数部分），然后 mycube(x) 带回一个整型值 10 回到主调函数 main()。如果将 main()函数中的 num02 定义为浮点型，用%f 格式控制符输出，则输出 10.00。

初学者应该做到函数数据类型与 return 语句返回值类型一致。如果一个函数不需要返回值，则将该函数指定为 void 类型，此时函数体内不必使用 return 语句。在调用该函数时，执行函数末尾就会自动返回主调函数。

例 4.5　编写 printSymbol()函数，用于输出图 4-6 所示的图形（类似*号"平行四边形"）。

图 4-6　输出*符号效果图

程序代码：

```
#include <stdio.h>
#include <stdlib.h>

void printSymbol() {
    printf("\n\t************\n");
```

```
    printf("\t ************\n");
    printf("\t ************\n");
}

int main() {
    //主函数调用 printSymbol()函数
    printSymbol();
}
```

运行结果如图 4-7 所示。

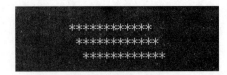

图 4-7 输出*符号运行结果

程序说明：本例中 printSymbol()函数完成了只是输出一个图形，因此不需要返回任何结果，所以不需要写 return 语句。此时函数的类型使用关键字 void，如果省略不写，系统将认为返回值类型是 int 类型。

无返回值的函数通常用于完成某项特定的处理任务，如例 4.5 中的打印*符号，或输入、输出、排序等。一个函数中可以由一个以上的 return 语句，但只能有一个 return 语句被执行到，不论执行到哪个 return 语句，都将结束函数的调用返回主调函数，即带返回值的函数只能返回一个值。

例 4.6 改写例 4.2。

程序代码：

```
#include <stdio.h>
#include <stdlib.h>
int mymax(int a, int b) {
    //如果 a>b 返回 a 否则返回 b
    if (a > b) {
        return a;
    }
    return b;
}
int main() {
    int x, y;
    printf("请输入两个整数,以逗号隔开:\n");
    scanf("%d,%d",&x,&y);
    printf("\n%d 和%d 的最大值为: %d\n",x,y,mymax(x,y));
}
```

运行结果如图 4-8 所示。

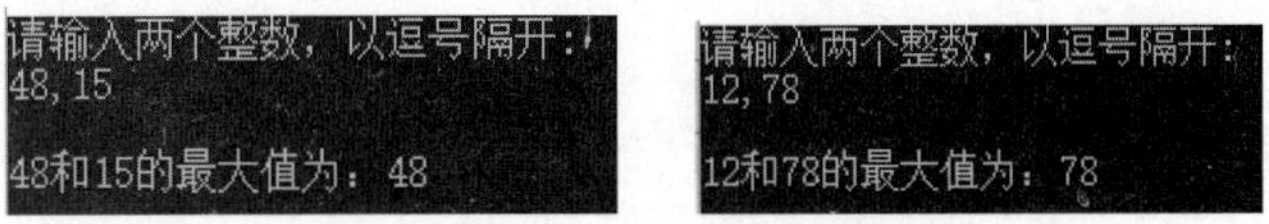

```
请输入两个整数,以逗号隔开:        请输入两个整数,以逗号隔开:
48,15                              12,78
48 和 15 的最大值为: 48            12 和 78 的最大值为: 78
```

图 4-8 求最大值的运行结果

程序说明：本例的目的是考查被调用的函数中，如果有一个以上的 return 语句，那么主调函数调用被调函数只能得到一个值。本例使用了两个 return 语句，同样可以求出最大值。在调用 max() 函数时，把主调函数中的实参分别传递给形参 a 和 b 后，就执行这个函数。在子函数中执行"if (a>b) return a;"，当条件满足时则返回 a 的值，条件不满足就执行下面的语句"return b;"，就是返回 b。这里尽管有两个 return 语句，但不管执行到哪个 return 语句，都将返回一个值。如果将多个值返回主调函数中，使用 return 语句是无法实现的。

4.4 函数的参数及传递方式

当主调函数调用被调函数时，它们之间究竟是如何进行信息交换的呢？答案是通过传递函数的函数的参数。可见，参数在函数中扮演着非常重要的角色。

1. 函数的参数

函数的参数的有两类：形式参数（简称形参）和实际参数（简称实参）。函数定义时的参数称为形参，形参在函数未被调用时是没有确定值的，只是形式上的参数。函数调用时使用的参数称为实参。

4.7 将两个数由小到大排序输出。

程序代码：

```
#include <stdio.h>
#include <stdlib.h>
//a、b 形式参数
void myorder(int a, int b) {
    int t;
    //如果 a>b，就执行以下 3 条语句，交换 a、b 的值
    if (a > b) {
        t = a;
        a = b;
        b = t;
    }
    //输出交换后的 a、b 的值
    printf("\n从小到大的顺序为: %d,%d\n",a,b);
}

int main() {
    int x, y;
    printf("请输入两个整数,以逗号隔开: \n");
    //从键盘输入两个整数
    scanf("%d,%d",&x,&y);
    //x,y 是实际参数
    myorder(x,y);
}
```

运行结果如图 4-9 所示。

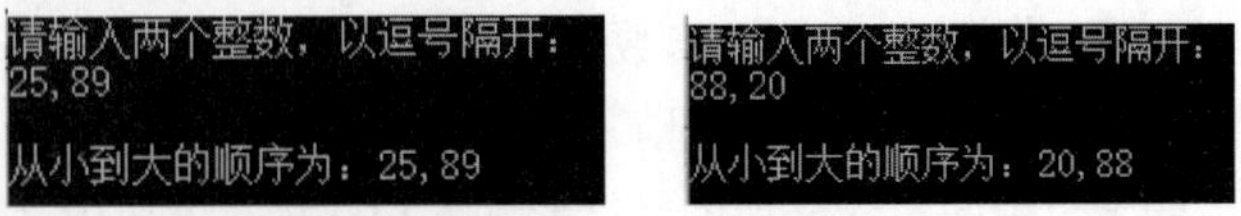

图 4-9 两个数由小到大排序运行结果

程序说明：该程序由两个函数 main()和 myorder()组成，myorder()函数定义中的 a 和 b 是形参，在函数调用时接收实参传递过来的值；在 main()函数中，通过"myorder(x,y)"调用子函数，其中的 x 和 y 是实参，在主函数中赋值，当函数调用时把值传递给形参 a 和 b。

（1）定义函数时，必须说明形参的类型，如范例中，形参 a 和 b 的类型都是整数。

> **注意**：形参只能是简单变量或数组，不能是常量或表达式。

（2）函数被调用前，形参不占用内存的存储单元。函数调用以后，形参才被分配内存单元。函数调用结束后，形参所占用的内存也将被回收，被释放。

（3）实参可以是常量、变量或表达式。如在调用时可写成：

```
myorder(2,3);                //实参是常量
myorder(x + y,x - y);        //实参是表达式
```

如果实参是表达式，先计算表达式值，再将实参的值传递给形参。但要求它有确切的值，因为在调用时要将实参的值传递给形参。

（4）实参的个数、顺序和类型应该与函数定义中形参表中的形参个数、顺序和类型一一对应。如例 4.7 中的 myorder()函数，定义时有两个整型的形参，调用时，实参也要与它对应，即两个整型的实参，而且多个实参之间要用逗号隔开。如果不一致，则会发生"类型不匹配"的错误。

对于特殊的字符型和整型，是可以互相匹配的，必要的时候还有需要进行类型转换。

2．函数参数的传递方式

前面已经讲过，形参只是一个形式，在调用之前并不分配内存。函数调用时，系统为形参分配内存单元，然后将主调函数中的实参传递给被调函数的形参。被调函数执行完毕，通过 return 语句返回结果，系统将形参的内存单元释放。

由此可见，实参和形参的功能主要是数据传递，按照传递的是"数据"还是"地址"，分为"值传递"和"地址传递"两种方式，"值传递"是"单向传递"，"地址传递"是"双向传递"。顾名思义，"单向传递"只能把实参的传递给形参，形参的值不能回传给实参，而"双向传递"既可以把实参的值传递给形参，也可以把形参的值回传给实参。下面就来了解一下这两种参数的传递方式。

1）"值传递"——单向传递

C 语言规定，实参对形参的数据传递是"值传递"，即单向传递，只能把实参的值传递给形参，而不能把形参的值再传回给实参。在内存当中，实参与形参占用不同的单元，不管名字是否相同，因此函数中对形参值的任何改变都不会影响实参的值。

例 4.8 使用函数交换两个变量的值。

程序代码：

```
#include <stdio.h>
#include <stdlib.h>
```

```c
void myswap(int a ,int b) {
    int temp;
    temp = a; a = b; b = temp;
    printf("a =% d,b =% d\n", a, b);
}

int main() {
    int x, y;
    printf("请输入两个整数,以逗号隔开:\n");
    scanf("%d,%d",&x,&y);
    printf("调用函数之前:\n");
    //调用 myswap 函数前的 x, y 的值
    printf("x =% d,y =% d\n",x,y);
    printf("调用函数\n");
    //调用 myswap()函数
    myswap(x, y);
    printf("调用函数之后\n");
    //输出调用 myswap()函数之后 x, y 的值
    printf("x=%d,y=%d\n",x,y);
}
```

运行结果如图 4-10 所示。

程序说明：

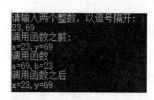

图 4-10 交换两个数运行结果

为什么在 myswap()函数内变量 a，b 的值交换了，而主调函数 main()中实参 x 和 y 却没有交换呢？这是因为参数按值传递。main()函数中定义变量 x 和 y 在内存中各自占用了存储单元，在调用 myswap()函数时，为形参 a 和 b 另外分配了内存单元，形参与实参的存储单元是不同的，将 x 的值传给 a，y 值传给 b，如图 4-11（a）所示。

被调函数的形参是局部变量，只在被调函数内部起作用，且形参的值不能反过来传给主调函数。因此在 myswap()函数执行过程中，尽管把 a 和 b 的值交换了，但不能影响 main()函数的实参 x 和 y 的值，如图 4-11（b）所示。函数调用完成，形参的内存单元将被释放。因此，在函数调用过程中，形参的值发生改变，并不会影响实参的值。

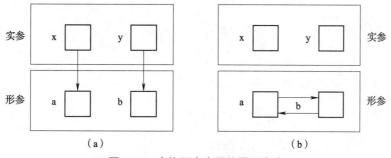

图 4-11 交换两个变量值图形表达

在"值传递"的过程中，按参数顺序传递数据，即第一个实参传给第一个形参，第二个实参传递给第二形参……与变量无关，如范例中两个形参写成 x 和 y 也仍然是不同的变量，实参和形参各有各的存储单元。形参 a 和 b 交换，并不会影响实参 x 和 y 的值。

> **技巧**：C语言变量可分为局部变量和全局变量两种。局部变量一般定义在函数和复合语句的开始处，使用它可以避免各个函数之间变量的互相干扰，尤其是同名变量。全局变量一般定义在程序的最前面，在所有函数的外面，作用范围比较广，对作用域内所有的函数都起作用。

2）"地址传递"——双向传递

我们知道，数组名表示的是数组在内存中分配的存储空间的起始地址。如果把数组名作为参数进行传递"地址传递"，即把实参数组的起始地址传递给形参数组。这样形参数组和实参数组占用了共同的存储空间，在子函数中对形参数组做的任何操作实际上就是对实参数组的操作。子函数结束时不需要用 return 返回任何数据，当子函数结束后形参数组仍然作为局部变量被释放掉存储空间，返回主函数中继续向下执行代码，这时实参数组的元素已经进行了更新。

例如，主函数中调用子函数的语句如下：

```
int array[5];
findMax(array);
```

在这里使用数组名作为参数传递给子函数 findMax()，实参数据类型需要和形参数据类型一致，所以可以这样定义 fingMax()函数的参数。例如：

```
void findMax(int a[5])
```

形参数组的长度是"5"也可以省略，写成下面形式：

```
viod findMax(int a[])
```

下面通过一个例题，具体说明将数组名和简单变量作为参数传递时实参的值是否会被改变。

例 4.9 输出数组的最大值。

程序代码：

```
#include <stdio.h>
#include <stdlib.h>
#define MAXELS 5
//声明函数
void findMaxValue(int dateArray[], int index);
//主调函数 main()函数
int main() {
    int nums[MAXELS] = { 0 };
    int i, value = 0;
    printf("\n调用函数前输出结果: \n");
    int j;
    for (j = 0; j < MAXELS; j++)
    {
        printf("nums[%d] =% d\n",j,nums[j]);
    }
    printf("value =% d\n",value);

    //调用函数，传递数组名和简单变量
    findMaxValue(nums, value);
    //调用函数后，输出结果
    int k;
    for (k = 0; k < MAXELS; k++)
```

```
    {
        printf("nums[%d] =% d\n", k, nums[k]);
    }
    printf("value =% d\n", value);
}
//编写已经声明的被调函数findMaxValue()
void findMaxValue(int data[], int m) {
    int i = 0;
    m = 1;
    printf("findMaxValue输出结果: \n");
    for (   ; i < MAXELS; i++)
    {
        data[i] = i;
        printf("\ndata[%d] =% d\n",i,data[i]);
    }
    printf("\n max =% d\n m =% d\n", data[--i], m);
}
```

运行结果如图4-12所示。

程序说明：观察运行结果，可以看到运行结果就是我们预期的。主函数在调用前，输出的数组元素的值是0，调用后输出的是0~4。主函数的变量value在调用前后没有改变，都是0。从结果分析，数组名是用地址传递方式进行函数的调用，形参和实参指向的是内存中的同一个存储区。

3. 带参数的主函数

从开始学C语言，就一直使用main()函数，都知道一个C语言程序必须有并且仅有一个主函数，C语言程序的执行总是main()函数开始的。

归纳起来，main()函数在使用过程中应该注意以下几点：

（1）main()函数可以调用其他函数，包括本程序中定义的函数和标准库中的函数，但其他函数不能反过来调用main()函数。main()函数也不能调用自己。

（2）前面章节用到的main()函数都没有在函数头中提供参数。其实，main()函数可以带有两个参数，其一般形式如下：

图4-12 输出数组的最大值运行结果

```
int main()(int argc, char * argv[]){
    函数体;
}
```

其中，形参argc表示传给程序的参数的个数，其值至少是1；而args[]则是指向字符串的指针数组。

> 💡**提示**：如果读者熟悉DOS的行命令操作系统，就会知道使用计算机命令是在提示符后面输入相应的命令名；如果有参数，就在命令后面输入相应的参数（如文件名等），并且命令与各参数之间用空格隔开，最后按【Enter】键运行命令。

例4.10 阅读下面程序，理解 main()函数参数。

程序代码：

```c
#include <stdio.h>
#include <stdlib.h>
int main(int argc,char *argv[]) {
    int count;
    printf("The command line has %d arguments: \n",argc-1);
    for (count = 1; count < argc; count++)
    {
        //依次读取命令行输入的字符串
        printf("\n%d:%s\n",count,argv[count]);
    }
}
```

运行结果如图 4-13 所示。

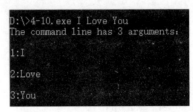

图 4-13 DOS 窗口运行 main()函数参数运行效果

程序说明：

（1）本例编写的 C 语言程序"4-10.c"文件，经过编译、连接后形成的可执行文件"4-10.exe"，可以像命令一样使用，其后面当然也可以跟命令行实际参数，这个参数就传递给 main()函数第二参数指针数组，以数组的方式输出在控制台。

（2）从本例看出，程序从命令行中接收 3 或 4 个字符串（相当于给 main()函数传递了 3 个或 4 个参数），并将它们存放在字符串数组中，其对应关系如下：argv[0]对应 I，argv[1]对应 Love，argv[2]对应 You，argc 的值是参数的个数，程序在运行时会自动统计。

（3）当前程序必须已经编译、连接，且产生 exe 文件，通过在 DOS 窗口切换到 exe 所存在的目录，直接执行 exe 文件后面跟上参数名。

（4）在命令行中的输出都将作为字符串的形式存储在内存中。也就是说，如果输入给数字，那么要输出这个数字，就应该用%s 格式，而非%d 格式或其他格式。

（5）main()函数也有类型。如果它不返回任何值，就应该指明其类型是 void；如果默认其类型是 int，那么在该函数末尾应有 return 语句返回一个值，例如，0;。

 **4.5 函数的调用**

C 语言程序是从主函数 main()的"{"开始执行，到 main()函数"}"结束为止。在函数体的执行过程中，不断地对函数进行调用来实现一些子功能，调用者称为主调函数，被调用者称为被调函数。被调函数执行结束，从被调函数结束的位置再返回主调函数调用位置，继续执行主调函数后面的语句。主函数 main()调用被调函数的例子如图 4-14 所示。

第 4 章 函数与模块化程序设计

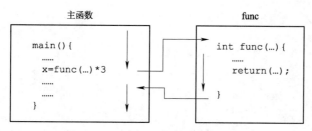

图 4-14 main()主函数调用被调函数

1. 函数调用方式

函数调用的一般形式有以下几种：

1）为函数的语句被调用

当 C 语言中的函数只进行了某些操作而不返回结果时，使用这种形式，该形式作为一条独立的语句，例如：

```
函数名(实参列表);        /*调用有参函数，实参列表中有多个参数，中间用逗号隔开*/
```

或

```
函数名( );              /*调用无参函数*/
```

> **提示**：函数后面有一个分号"；"，还有像 printf()、scanf()等函数的调用也属于这种形式，例如：
> ```
> printf("%d",p);
> ```

2）作为函数的表达式被调用

当所调函数有返回值时，函数的调用可以作为表达式中的运算分量，参与一定的运算。例如：

```
m=max(a,b);                      //将max()函数的返回值赋给变量m
m=3*max(a,b);                    //将max()函数的返回值乘以3赋给变量m
printf("Max is %d",max(a,b));    //输出也是一种运算，输出max()函数的返回值
```

> **注意**：一般 void 类型的函数使用函数语句的形式，因为 void 类型没有返回值。对于其他类型的函数，在调用时一般采用表达式的形式。

例 4.11 求最小公倍数。

程序代码：

```c
#include <stdio.h>
#include <stdlib.h>
int mycomMutiple(int num01, int num02) {
    int temp, a, b;
    //如果num01<num02，交换num01，num02的值
    //使m中存放较大的值
    if (num01 < num02) {
        temp = num01;
        num01 = num02;
        num02 = temp;
    }
    //保存num01，num02原来的数值
```

```
        a = num01;
        b = num02;
        //使用辗转相除法求两个数的最大公约数
        while (b != 0) {
            temp = a % b;
            a = b;
            b = temp;
        }
        //返回两个数的最小公倍数
        //即两数相乘的积除以最大公约数
        return (num01 * num02 / a);
}
//main()主函数
int main() {
    int xNum01, yNum02, gResult;
    printf("请输入两个数,以逗号隔开\n");
    scanf("%d,%d",&xNum01,&yNum02);
    //函数调用
    gResult = mycomMutiple(xNum01, yNum02);
    printf("\n最小公倍数为: %d\n",gResult);
}
```

运行结果如图 4-15 所示。

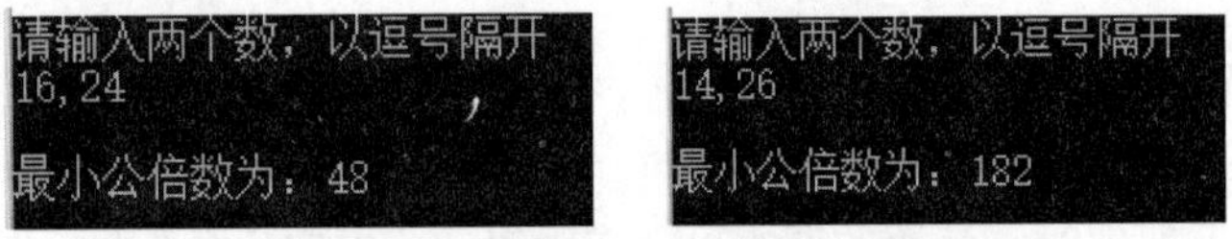

```
请输入两个数,以逗号隔开        请输入两个数,以逗号隔开
16,24                        14,26
最小公倍数为: 48              最小公倍数为: 182
```

图 4-15 求最小公倍数运行结果

程序说明:本例调用了 mycomMutiple()函数,该函数有两个参数,因此在调用时实参列表也有两个参数,且这两个参数的个数、类型、位置是一一对应的。mycomMutiple()函数有返回值,incident 在主调函数中,函数参与了一定的运算,这里参与了赋值运算,将函数的返回值赋给了变量 gResult。

2. 函数的声明

在学习变量时,要求遵循"先定义后使用"的原则,同样,在调用函数时也要遵循这个原则。也就是说,被调函数必须存在,而且在调用这个函数之前,一定要给出这个函数的定义,这样才能成功调用。

如果被调函数的定义出现在主调函数之后,这时应该给出函数的原型说明,以满足"先定义后使用"的原则。函数声明的目的是使编译系统在编译阶段对函数的调用进行合法性检查,判断形参与实参的类型及个数是否匹配。

函数声明采用函数原型的方法。函数原型就是函数定义的首部。

有参函数的声明形式如下:

函数类型 函数名(形参列表);

无参函数的声明形式如下:

函数类型 函数名();

> **提示**：函数声明包含函数的首部和一个分号";"，函数体不用写。

有参函数的声明时的形参列表只需要把一个个参数类型给出就可以了，可以省略变量名，例如：

```
int power(int, int );
```

函数声明可以放在所有函数的前面，如果放在主调函数内，需要在调用被调函数之前声明。

例4.12 编写一个函数，求半径为 r 的球的体积。球的半径 r 由用户输入。

例4.12

程序代码：

```c
#include <stdio.h>
#include <stdlib.h>
//函数的声明
double myBallVolume(double r);

int main() {
    //rBall 变量存放球的半径
    //vBallVolume 变量存放球的体积
    double rBall, vBallVolume;
    printf("请输入球的半径: \n");
    scanf("%lf", &rBall);
    //函数的调用
    vBallVolume = myBallVolume(rBall);
    printf("\n 球的体积是: %.2lf\n", vBallVolume);
}
//已经声明函数 myBallVolume()函数体的编写
double myBallVolume(double r) {
    double yBallVolume;
    yBallVolume = 4.0 / 3 * 3.14 * r * r * r;
    return yBallVolume;
}
```

运行结果如图 4-16 所示。

图 4-16 求球的体积运行结果

程序说明：本例中被调函数 myBallVolume()的定义在调用函数之后，需要在调用该函数之前给出函数的声明，声明的格式只需要在函数定义的首部加上分号，且声明中的形参列表只需要给出参数的类型即可，参数名字可写可不写，假如有多个参数则用逗号隔开。

函数的声明在下面 3 种情况下是可以省略的。

（1）被调函数定义在主调函数之前；
（2）被调函数的返回值是整型或字符型（整型是系统默认的类型）；
（3）在所有的函数定义之前，已在函数外部进行了函数的声明。

如果被调函数是 C 语言提供的库函数，调用时不需要做函数的声明，但必须该库函数的头文件用#include 命令包含在源程序的最前面。例如，getchar()、putchar()、gets()、puts()等，这样的函数定义时在 stdio.h 头文件中的，只要在程序的最前面加上#include<stdio.h>就可以了。同样，如果使用数学库函数，则应该引用#include<math.h>。

3. 函数的嵌套调用

例 4.13 函数的嵌套调用

在 C 语言中，函数之间的关系是平行的、独立的，也就是在函数定义时不能嵌套定义，即一个函数的定义函数体内不能包含另外一个函数的完整定义。但是 C 语言允许嵌套调用，就是说，在调用一个函数的过程中可以调用另外一个函数。

例 4.13 函数的嵌套调用示例。

程序代码：

```c
#include <stdio.h>
#include <stdlib.h>
//定义第一个函数
int fun2(int a, int b) {
    int z01;
    z01 = 2 * a - b;
    return z01;
}
//定义第二个函数
int fun1(int c, int d) {
    //调用 fun2()函数
    int z02 = fun2(c, c + d);
    return z02;
}
int main() {
    int a01, b01, c01;
    printf("请输入两个整数,以逗号隔开:\n");
    scanf("%d,%d",&a01,&b01);
    c01 = fun1(a01, b01);
    printf("\n%d\n", c01);
}
```

运行结果如图 4-17 所示。

图 4-17 函数嵌套调用运行结果

程序说明：本范例是两层的嵌套，其执行过程是：

（1）执行 main()函数的函数体部分；

（2）遇到函数调用语句，程序转去执行 fun1()函数；

（3）执行 fun1()函数的函数体部分；

（4）遇到函数 fun2()函数；

（5）转去执行 fun2()函数体部分，直到结束；

（6）返回 fun1()函数调用 fun2()处；

（7）继续向下执行 fun1()函数的函数的未执行部分，直到 fun1()函数结束；

（8）返回 main()函数调用 fun1()处；

（9）继续向下执行 main()函数的剩余部分，直到结束。

4．函数的递归调用

如果在调用一个函数的过程中，又直接或者间接地调用了该函数的本身，这种形式称为函数的递归调用，这个函数就称为递归函数。递归函数分为直接递归和间接递归两种。C 语言的特点之一就在于允许函数的递归调用。

直接递归就是函数在处理过程中又直接调用了自己。例如：

```
int func(int a){
    int b, c;
    ...
    c=func(b);
    ...
}
```

其执行过程如图 4-18 所示。

如果 func1()调用 func2()函数，而 func2()函数反过来又调用 func1()函数，就称为间接递归，示例代码如图 4-19 所示。

图 4-18　函数的直接递归调用流程图　　图 4-19　函数的间接递归调用示例代码

其执行过程如图 4-20 所示。

图 4-20　函数的间接递归调用流程图

> ⚠️**注意**：这两种递归都无法终止自身的调用。因此在递归调用中，应该含有某种控制递归调用结束条件，使递归调用是有限的，可终止的。例如，可以用 if 语句来控制只有在某一条件成立时才继续执行递归调用，否则不再继续。

微视频
例4.14 递归函数求一个数的阶

🔹**例**4.14　用函数递归方法求 *n*!（*n* 为大于等于 1 的正整数）。用递归函数方法求 *n*!（*n* 为大于等于的正整数），声明一个返回值类型为 long 类型，函数名为 myFactorial()，带一个整型的参数，该函数的功能是求阶乘，让 main()主函数调用该函数并传值。

程序代码：

```
#include <stdio.h>
```

```c
#include <stdlib.h>
//定义一个递归函数
long myFactorial(int num) {
long  result;
    if (num == 1) {
        result = 1;
    }
    else
    {
        result = myFactorial(num - 1)*num;
    }
    return result;
}
//main()主函数
int main() {
    int nActual;
    printf("请输入一个整数:\n");
    scanf("%d",&nActual);
    printf("\n%d!=%ld\n",nActual,myFactorial(nActual));

}
```

运行结果如图 4-21 所示。

图 4-21　函数的递归调用运行结果

程序说明：本例采用递归法求解阶乘，就是 5!=5*4!，4!=4*3!…，1!=1。可以利用 $n!=n(n-1)!$ 递归公式表示。可以看出，当 nActual>1 时，求 n 的阶乘公式是一样的，因此可以用一个函数来表示上述关系，即 myFactorial()函数。main()函数只调用一次 myFactorial()函数，整个问题的求解全靠一个 myFactorial()函数来解决。如果 n 的值是 5，整个函数的调用过程如图 4-22 所示。

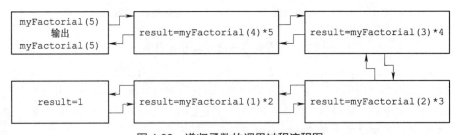

图 4-22　递归函数的调用过程流程图

从图 4-22 可以看出，myFactorial()函数共被调用了 5 次，即 myFactorial(5)、myFactorial(4)、myFactorial(3)、myFactorial(2)、myFactorial(1)。其中，myFactorial(5)是 main()函数调用的，其余 4 次是在 myFactorial()函数中进行递归调用。在某一次的 myFactorial()函数的调用中，并不会立刻得到 myFactorial(n)值，而是一次次地进行递归调用，直到 myFactorial(1)时才得到一个确定的值，然后再递推出 myFactorial(2)、myFactorial(3)、myFactorial(4)、myFactorial(5)。

习 题 四

一、选择题

1. 下列选项不是函数的基本分类的是（　　）。
   A. 内置函数　　　　　　　　　　　　B. 用户自定义函数
   C. 静态函数　　　　　　　　　　　　D. 虚拟函数
2. 在 C 语言中，函数的主要功能是（　　）。
   A. 定义变量　　　B. 执行特定任务　　C. 存储数据　　D. 声明变量
3. 函数的返回值是指（　　）。
   A. 函数执行后的结果　　　　　　　　B. 函数的参数
   C. 函数的名称　　　　　　　　　　　D. 函数的类型
4. 下列不是函数的返回值类型的是（　　）。
   A. int　　　　　　B. void　　　　　C. float　　　　D. string
5. 可以调用一个函数的方法是（　　）。
   A. 使用函数名　　　　　　　　　　　B. 使用函数名和参数
   C. 使用函数名和返回类型　　　　　　D. 使用函数名和变量
6. 下列为函数的正确声明方式的是（　　）。
   A. void func();　　B. func() {}　　　C. int func = 0;　D. return func();
7. 下面代码中，sayHello()函数的作用是（　　）。

```
#include <stdio.h>
void sayHello() {
    printf("Hello, World!\n");
}

int main() {
    sayHello();
    return 0;
}
```

   A. 输出 "Hello, World!"　　　　　　　B. 计算两个数的和
   C. 没有实际作用　　　　　　　　　　D. 调用 main()函数
8. 下面代码中，是用户自定义函数的是（　　）。

```
// 内置函数示例（标准库函数）
#include <stdio.h>
int main() {
    printf("Hello\n"); // 内置函数
    return 0;
}

// 用户自定义函数示例
void customFunction() {
```

```
        printf("Custom function called\n");
}
```

  A. printf()　　　B. main()　　　C. customFunction()　　　D. return()

9. 下面performTask()函数执行的任务是（　　）。

```
void performTask() {
    // 执行一些任务
    int sum = 5 + 3;
    printf("The sum is: %d\n", sum);
}
```

  A. 计算两个数的和并输出　　　　B. 输出 "Hello, World!"
  C. 接收用户输入　　　　　　　　D. 没有任何任务

10. 下面代码输出的是（　　）。

```
void setValue(int x) {
    x = 10;
}

int main() {
    int y = 5;
    setValue(y);
    printf("%d\n", y); // 输出什么？
    return 0;
}
```

  A. 10　　　　B. 5　　　　C. 编译错误　　　　D. 运行时错误

二、编程题

1. 编写一个自定义函数和一个库函数（使用标准库中的函数）来比较两个整数的大小。
2. 编写一个函数，用于计算一个整数的平方。
3. 编写一个函数，通过值传递方式接收一个整数数组和数组长度，返回数组中的最大值。
4. 编写一个程序，包含自定义函数和库函数，用于计算一个整数数组中的最大值和最小值。

第 5 章

数组与字符串

数组与字符串是 C 语言程序设计中的重要组成部分，为数据的批量处理与字符串的灵活操作提供了基础。本章将系统介绍一维数组和二维数组的基本概念与应用，让读者掌握数组的定义、访问和初始化方法。同时，深入阐述字符数组与字符串的关联，探讨字符串的存储与操作技巧。此外，还将介绍常用字符串处理函数，简化字符串处理过程。通过本章的学习，读者将能够灵活运用数组与字符串，为后续的编程实践打下坚实基础。

5.1 一 维 数 组

数组是一种容纳相同数据类型有序数据的集合。在 C 语言中，这些数据类型可以是整型（int）、字符型（char）、浮点型（float 和 double）等。除了这些基本数据类型，后续章节还将介绍指针、结构体（struct）和共用体（union）等类型。一维数组是最基本的数组形式，它由一个下标索引进行访问。如果一个数组具有两个下标，则称为二维数组；如果有多个下标，则称为多维数组。虽然 C 语言支持多维数组，但在实际应用中，最常用的还是一维数组和二维数组。

1. 一维数组的定义

一维数组定义的一般形式如下：

数据类型 数组名[常量表达式];

以下是对一维数组定义的详细说明：

（1）数据类型：表示数组中每个元素的数据类型，可以是 int、float、char 等；这决定了数组中可以存储的元素的类型。

（2）数组名：表示该数组变量的名称，必须遵守 C 语言的标识符命名规则。数组名的命名规则与普通变量名相同，通常建议采用具有描述性的名称，以便代码的可读性和维护性。

（3）常量表达式：指定数组中可以存储的元素数量，必须是一个整型常量表达式。这个常量表达式在编译时必须是确定的值，即不能是变量或者非常量的表达式。

例如，定义一个能够存储 10 个整数的数组，可以这样写：

```
int numbers[10];
```

这里，numbers 是数组名，int 表示数组中的每个元素都是整数类型，[10]则表示数组的大小为 10，即它可以存储 10 个整数，下标范围从 0 到 9。

在定义语句中，还可以同时定义多个数组，它们之间用逗号隔开。例如：

```
int a[3], b[3];
```

这行代码定义了两个整型数组，分别为 a 和 b，每个数组都有 3 个元素。这种方式可以简洁地定义多个数组，方便管理和使用。

2．一维数组元素的引用

与简单变量不同的是，一维数组无法整体引用，只能通过引用数组中的某一个元素来进行操作。换句话说，在表达式运算中，数组只能以数组元素的形式出现。一维数组元素的引用形式为

```
数组名[下标]
```

通过数组名和下标来引用数组中的元素。下标是一个整数，用于指定我们想要访问的数组元素的位置。需要注意的是，在 C 语言中，数组的下标是从 0 开始的。

例如，如果引用数组变量 a 中的第三个元素赋值为 5，可以这样写：

```
a[2]=5;
```

在这个例子中，a[2]表示数组 a 中的第 3 个元素，因为下标从 0 开始，所以第三个元素的下标为 2。

需要特别注意的是，数组下标越界会导致错误。例如，在数组 a 中只能引用 a[0]、a[1]、a[2]，而不能引用 a[3]，否则会出现数组下标越界的错误。因此，在编程过程中要确保使用合法的数组下标来引用数组元素，以避免出现错误。

3．一维数组初始化

在进行一维数组的初始化时，需要为数组的每个元素赋值。以下是几种实现一维数组初始化的方法：

（1）直接在定义数组时对数组元素进行赋初值。

```
int a[6]={1,2,3,4,5,6};
```

以上语句将数组中的元素值一次放在一对大括号中。经过上述定义和初始化后，数组中的元素 a[0]的值为 1，a[1]的值为 2，以此类推，a[5]的值为 6。数组的定义和初始化情况如图 5-1 所示。

	a[0]	a[1]	a[2]	a[3]	a[4]	a[5]
	1	2	3	4	5	6

图 5-1 数组在内存中存储和初始化情况

例 5.1 数组的初始化

下面的例 5.1 演示了数组的初始化。

例 5.1 数组的初始化——求学生的平均成绩。

程序代码：

```c
#include <stdio.h>                          //包含头文件
int main() {                                //主函数 main()
    int grade[10]={95,82,78,68,80,90,68,56,80,72};  //学生成绩数组初始化
    float total = 0;                        //定义变量用来计算总成绩
```

```
    float avg;                          //定义变量用来计算平均成绩
    for(int i = 0 ; i < 10 ; i++){
        total+=grade[i];                //计算总成绩
    }
    avg = total/10;                     //计算平均成绩
    printf("学生的平均分为%f\n", avg);   //显示输出平均成绩
    return 0;
}
```

运行结果：

学生的平均分为 76.9

程序说明：用于计算并输出一组学生的平均成绩。它首先初始化了一个包含 10 个学生成绩的数组，然后使用一个 for 循环遍历这个数组，累加所有学生的成绩到 total 变量中。接着，通过将 total 除以学生的数量（这里是 10）来计算平均成绩，并将结果存储在 avg 变量中。最后，使用 printf()函数将平均成绩输出到控制台。

（2）部分元素赋值，未赋值元素默认为 0。

这种初始化方式是对数组的部分元素进行赋值，例如：

```
int a[6]={1,2,3};
```

在这个例子中，数组变量 a 包含 6 个元素，但只对前 3 个元素进行了赋值。因此，数组的前 3 个元素值为括号内给出的值，而未赋值的元素默认为 0。数组的内存分配和初始化情况如图 5-2 所示。

a[0]	a[1]	a[2]	a[3]	a[4]	a[5]
1	2	3	0	0	0

图 5-2　数组在内存中存储和初始化情况

（3）在不指定数组长度的情况下初始化全部数组元素。

通常情况下，定义数组时需要在数组变量后指定数组的元素个数。然而，C 语言也允许在定义数组时不必指定长度，例如：

```
int a[] = {1, 2, 3, 4};
```

上述代码中，大括号中包含了 4 个元素，系统会根据给定的初始化元素值的个数来自动定义数组的长度，因此该数组变量 a 的长度为 4。数组的内存分配和初始化情况如图 5-3 所示。

a[0]	a[1]	a[2]	a[3]
1	2	3	4

图 5-3　数组在内存中存储和初始化情况

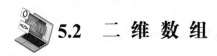

5.2　二　维　数　组

1．二维数组的定义

二维数组与一维数组不同，其下标包括两个维度。一般情况下，二维数组的定义形式如下：

数据类型　数组名[常量表达式1][常量表达式2]；

这里需要说明几点：

（1）数据类型：数组中每个元素的数据类型，如 int、float、char 等；

（2）数组名：该二维数组的名称，命名规则与变量一致，必须遵守定义标识符的命名规则；

（3）[]是下标运算符，[]的个数代表了数组的维数，因此二维数组有两个[]下标；

（4）数组的元素个数为常量表达式 1 和常量表达式 2 的乘积。

例如：

```
int arr[3][4];
```

上述代码定义了数组 arr 是一个 3 行 4 列的二维数组，它总共包含 3×4=12 个元素。

二维数组的核心概念在于它是一维数组的数组。对于数组 arr 来说，它有 arr[0]、arr[1]、arr[2]三个一维数组元素，每个一维数组又包含 4 个元素，如图 5-4 所示。

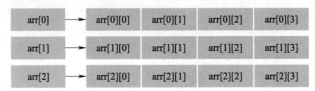

图 5-4 二维数组结构

从图 5-4 中可以看出，对于二维数组 arr[n][m]，以下是一些基本规则：

（1）行下标的取值范围为 0 到 *n*–1；

（2）列下标的取值范围为 0 到 *m*–1；

（3）二维数组的最大下标元素是 arr[n–1][m–1]；

（4）数组名 arr 也是系统分配给整个二维数组存储区的起始地址。

2．二维数组的引用

与一维数组类似，二维数组中的每个元素也可以像普通变量一样被引用，这就是二维数组元素的引用。二维数组元素的引用一般形式如下：

```
数组名[行下标][列下标]
```

例如，对一个二维数组的元素进行引用，代码如下：

```
arr[1][2];        // 引用 arr 数组中第 2 行第 3 列的元素
```

在使用二维数组元素引用时，需要注意下标越界的问题。例如，对于一个定义为 arr[2][3] 的二维数组，如果引用元素为

```
arr[2][3];
```

上述代码是错误的表示。因为 arr 数组是 2 行 3 列的数组，它的行下标的最大值为 1，列下标的最大值为 2。因此，arr[2][3]已经超出了数组的范围，造成了下标越界的错误。

3．二维数组初始化

二维数组的初始化是为数组的每个元素赋初值。可以采用以下几种方法来实现二维数组的初始化。

（1）直接在大括号中赋值。

可以将所有数据写在一个大括号内，按照数组元素的排列顺序对元素进行赋值。例如：

```
int arr[2][2] = {1, 2, 3, 4};
```

数组 arr 的赋初值情况如图 5-5 所示。

（2）省略行下标，不能省略列下标。

在为所有元素赋初值时，可以省略行下标，但是不能省略列下标。

arr[0][0]=1	arr[0][1]=2
arr[1][0]=3	arr[1][1]=4

图 5-5 元素赋值情况

例如：

```
int arr[][2] = {1,2,3,4,5,6};
```

系统会根据数据的个数进行分配，总共有 6 个数据，而数组每行分为 2 列，因此数组可以确定为 3 行。

（3）分行给数组元素赋值。例如：

```
int arr[2][3] = {{1,2,3},{4,5,6}};
```

（4）逐个引用元素进行赋值。

二维数组也可以逐个引用元素进行赋值。例如：

```
int arr[2][2];
a[0][0] = 1;
a[0][1] = 3;
a[1][0] = 5;
a[1][1] = 7;
```

例 5.2 实现杨辉三角形的输出。

分析：杨辉三角形的结构可以通过二维数组来存储和展示。观察其形态，第 1 行只有 1 个数字，第 2 行有 2 个数字，依此类推，第 10 行则应有 10 个数字。为了在计算时更符合日常习惯，可以定义一个包含 11 行 11 列的二维数组，但需要注意的是，第 0 行和第 0 列并不使用。

例 5.2

观察杨辉三角形的构成规律，可以发现：每一行的首尾数字都是 1，而中间的数字则是其上一行对应列的数字与上一行前一列的数字之和。假设使用数组 y 来存储杨辉三角形的值，那么可以得出这样的关系：y[i][j] = y[i-1][j] + y[i-1][j-1]（当 $i>1$ 且 $1<j \leqslant i-1$ 时）。

程序代码：

```c
#include <stdio.h>                          //包含头文件
#define N 11                                //定义常量
int main() {                                //主函数 main()
    int i, j, y[N][N];                      //0 行、0 列不用
    for(i = 1 ; i < N ; i++){
        y[i][1] = y[i][i] = 1;              //第 1 列与对角线元素均为 1
        for(j = 2 ; j <= i-1 ; j++)
            y[i][j] = y[i-1][j] + y[i-1][j-1]; //计算每个元素的值
    }
    for(i = 1 ; i < N ; i++){
        for(j = 1 ; j <= i ; j++){          //每一行只要计算到对角线元素
            printf("%4d", y[i][j]);         //利用%4d 的格式控制输出数据对齐
        }
        printf("\n");
    }
    return 0;
}
```

运行结果:

```
   1
   1   1
   1   2   1
   1   3   3   1
   1   4   6   4   1
   1   5  10  10   5   1
   1   6  15  20  15   6   1
   1   7  21  35  35  21   7   1
   1   8  28  56  70  56  28   8   1
   1   9  36  84 126 126  84  36   9   1
```

程序说明: 该例的主要目的是展示杨辉三角形的构造和输出过程。杨辉三角形是一个数学上的概念,它的每一行表示二项式定理的系数,每一行的数字是上一行相邻两个数字之和。在程序中,使用了一个二维数组来存储这些系数,并通过两个嵌套的 for 循环来计算和输出它们。通过定义常量 N,可以方便地调整输出杨辉三角形的行数。在该例中,N 被设置为 11,因此会输出前 11 行的杨辉三角形。此外,在输出时使用%4d 的格式控制符来确保每个数字的输出宽度为 4 字符,这有助于使得输出的三角形更加整齐和易于阅读。

5.3 字符数组与字符串

在 C 语言中,没有专门的字符串类型变量,而是使用字符数组来存储字符串。字符数组也称为字符型数组,用于存储字符元素的数组。每个字符数组的元素都是一个字符,多个字符组合在一起构成了所谓的"字符串"。

5.3.1 字符数组

1. 字符数组的定义

字符数组的定义形式与一维数组、二维数组相同,唯一的区别是字符数组的类型声明固定为 char。

①定义一维字符数组,一般形式如下:

```
char 数组名[常量表达式];
```

其中,数组名和常量表达式与一维数组的定义方式相同。例如:

```
char str[5];
```

其中,str 表示数组名,5 表示数组中包含 5 字符型的变量元素。

②定义二维字符数组,一般形式如下:

```
char 数组名[常量表达式1] [常量表达式2];
```

数组名、常量表达式 1 和常量表达式 2 的含义与二维数组的定义相同。例如:

```
char str[2][3];            // 定义了一个包含 2 行 3 列的二维字符数组
```

2. 字符数组的引用

字符数组元素的引用与引用数值数组元素类似,也是将每个字符元素当成普通元素使用。

① 一维字符数组引用，一般形式如下：

数组名[下标]

例如：

str[4];

② 二维字符数组引用，一般形式如下：

数组名[行下标][列下标]

例如：

str[2][3];

3．字符数组的初始化

在对字符数组进行初始化操作时有以下几种方法：

（1）逐个字符赋值给数组中各元素。

这是最容易理解的初始化字符数组的方式。例如，初始化一个字符数组，代码如下：

```
char str[5] = {'H', 'e', 'l', 'l', 'o'};
```

定义包含 5 个元素的字符数组，在初始化的大括号中，每一个字符对应赋值一个数组元素。使用字符数组输出一个字符串。

（2）如果在定义字符数组时可以进行初始化，可以省略数组长度。

如果初始值个数与预定的数组长度相同，在定义时可以省略数组长度，系统会自动根据初始值个数来确定数组长度。例如，初始化字符数组的代码可以写成如下形式：

```
char str[] = {'H', 'e', 'l', 'l', 'o'};
```

可见，代码中定义的 str[] 中没有给出数组的大小，但是根据初始值个数可以确定数组的长度为 5。

（3）利用字符串给字符数组赋初值。

通常用一个字符数组来存放一个字符串，例如用字符串的方式对数组做初始化赋值如下：

```
char str[] = {"Hello"};
```

或者将"{}"去掉，写成如下形式：

```
char str[] = "Hello";
```

（4）引用字符数组赋值。

引用字符数组每个元素赋值，例如：

```
char str[5];
str[0] = 'H';
str[1] = 'e';
str[2] = 'l';
str[3] = 'l';
str[4] = 'o';
```

5.3.2 字符串

1．字符串的结束标志

在 C 语言中，可以使用字符数组来保存字符串，即使用一个一维数组来存储字符串的每个字符。此时,系统会自动在字符数组的末尾添加一个"\0"(空字符)作为字符串的结束标志。例如,对字符数组进行初始化可以这样写:

```
char str[] = "Hello";
```

在上述代码中,字符串总是以"\0"作为串的结束符,因此当将一个字符串存入一个数组时,实际上是将结束符"\0"存入数组,并以此作为该字符串是否结束的标志。

需要注意的是,使用字符串方式赋值会多占用 1 字节,这个额外的字节用于存放字符串的结束标记"\0"。因此,上面的字符数组 str 在内存中的实际情况如图 5-6 所示。

str[0]	str[1]	str[2]	str[3]	str[4]	str[5]
H	e	l	l	o	\0

图 5-6 str 数组在内存中的存放情况

在 C 语言编译系统中,"\0"会自动加上。因此,上面的赋值语句也可以等价写为

```
char str[] = {'H', 'e', 'l', 'l', 'o', '\0'};
```

值得注意的是,初始化字符数组并不一定要求最后一个字符为"\0",甚至可以不包含"\0"。例如,下面的写法也是合法的:

```
char str[5] = {'H', 'e', 'l', 'l', 'o'};
```

是否加上"\0"完全取决于实际需要。当然,为了方便测定字符串的实际长度以及在程序中做相应的处理,也可以加上一个"\0"。例如:

```
char str[6] = {'H', 'e', 'l', 'l', 'o', '\0'};
```

这种形式有利于在程序中处理字符串时的准确性和方便性。

2. 字符串的输入和输出

字符串的输入和输出可以采用两种方法。

(1)使用格式符"%c"进行输入和输出。

使用格式符"%c"实现字符数组中字符的逐个输入与输出操作。

例5.3 使用 scanf()和 printf()函数进行字符串输入和输出。

程序代码:

```
#include <stdio.h>               //包含头文件
int main() {                     //主函数main()
    char str[5];                 //定义长度为5的字符数组
    printf("请输入5个字符: ");
    int i;                       //变量i为循环的控制变量
    for(i = 0; i < 5; i++)       //循环输入每个字符
        scanf("%c", &str[i]);
    str[i] = '\0' ;              //加上字符串结束标志 '\0'
    i=0;
    while(str[i] != '\0'){       //循环输出
        printf("%c", str[i]);    //输出字符数组元素
        i++;
    }
    return 0;
}
```

运行结果:

```
请输入5个字符: hello
hello
```

程序说明: 本例演示了如何使用 scanf() 和 printf() 函数进行字符串的输入和输出。首先提示用户输入 5 个字符, 因为循环次数是固定的。在循环中, 使用 scanf("%c", &str[i]); 逐个输入字符到字符数组中, 然后在末尾加上字符串结束标志 '\0'。接着, 使用 printf("%c", str[i]); 循环输出字符数组中的每个元素, 直到遇到字符串结束标志为止。

(2) 使用格式符 "%s" 进行整体输入或输出。

①利用标准输入函数 scanf(), 配合%s 格式符。一般形式如下:

```
scanf("%s", 字符数组名);
```

在使用%s 格式符输入字符串时, scanf()函数会自动在字符串后面加上 '\0'。例如:

```
char str[5];              //初始化字符数组
scanf("%s", str);         //注意str前不能放&取地址符
```

由于数组名代表数组的起始地址, 因此在 scanf() 函数的字符数组名 str 前面不能加&, 即不能写成&str。

② 利用标准输出函数 printf() 配合%s 格式符。一般形式如下:

```
printf("%s", 字符数组名);
```

例如, 输出一个字符串的代码如下:

```
char str[] = "HelloWorld";    //初始化字符数组
printf("%s", str);            //输出字符串
```

在这里, 使用格式符 %s 将字符串进行输出。需要注意以下几种情况:

● 输出字符不包括结束符 "\0"。

● 用 "%s" 格式输出字符串时, printf()函数中的输出项是字符数组名 str, 而不是数组中的元素名 str[0]等。

● 如果数组长度大于字符串实际长度, 则也只输出到 "\0" 为止。

● 如果一个字符数组中包含多个 "\0" 结束字符, 则在遇到第一个 "\0" 时输出就结束。若要换行可借助转义字符 '\n' 实现。例如:

```
char str1[] = "How are you? ";
char str2[] = "I am fine. \n Thank you.";
printf("%s%s", str1, str2);
```

运行结果:

```
How are you? I am fine.
Thank you.
```

这段代码将 str1 和 str2 两个字符串连接起来输出, 并在适当的位置使用了换行符\n。

5.3.3 字符串处理函数

在 C 语言中, 虽然没有直接提供字符串赋值、合并和比较的运算符, 但是提供了一些标准函数来处理字符串, 用户可以调用这些函数来进行各种操作。在本节中, 我们将介绍几种常用的字符串处理函数, 调用这些函数时, 需要在程序的开头包含以下预处理头文件:

```
#include<string.h>
```

1. 字符串复制函数 strcpy()

strcpy()函数用于将特定长度的字符串复制到另一个字符串中。一般形式如下：

```
strcpy(字符串1,字符串2)
```

这里需要说明几点：

（1）参数字符串2可以是字符数组名，也可以是字符串常量。但参数字符串1必须是字符数组名。

（2）这个函数能够将字符串完整地复制到字符数组中，并连同字符串结束标志"\0"一起复制。

（3）字符串1必须定义有足够的空间，以便容纳连接之后的字符串2。

5.4 使用 strcpy()函数进行字符串复制。

程序代码：

```c
#include <stdio.h>
#include <string.h>
int main() {
    char str[] = "123456789";
    strcpy(str+5, "hello");      // 把字符串"hello"复制到str+5开始的位置
    printf("%s", str);
    return 0;
}
```

运行结果：

```
12345hello
```

程序说明： 本例定义了一个字符数组 str 并初始化为"123456789"。然后使用 strcpy()函数从索引 5 开始（即'6'后面）将字符串"hello"复制到 str 中，覆盖原有的'6'、'7'、'8'、'9'和结束符\0。

2. 字符串连接函数 strcat()

strcat()函数用于将一个字符串连接到另一个字符串的末尾，从而形成一个新的字符串。其语法格式如下：

```
strcat(字符串1, 字符串2)
```

这里需要说明几点：

（1）参数字符串2可以是字符数组名，也可以是字符串常量。但参数字符串1必须是字符数组名。

（2）这个函数将字符串连接到字符数组中字符串的末尾，并删除原始字符串的结束标志"\0"。

（3）字符串1必须定义有足够的空间，以便容纳连接之后的字符串2。

5.5 使用 strcat()函数进行字符串连接。

程序代码：

```c
#include <stdio.h>
#include <string.h>
int main() {
    char str[30] = "hello, ";
```

```
        strcat(str, "my friend! ");    // 字符串拼接
        printf("%s", str);
        return 0;
}
```

运行结果：

```
hello, my friend!
```

程序说明：本例展示了如何使用 strcat() 函数将两个字符串连接起来。首先，它初始化一个字符串 str 为"hello, "，然后调用 strcat() 函数将"my friend! "添加到 str 的末尾，最后通过 printf() 函数打印出连接后的完整字符串"hello, my friend! "。

3．字符串比较函数 strcmp()

字符串比较是按照 ASCII 码顺序逐个比较两个字符串的字符，从首字母开始比较直至出现不同的字符或者遇到'\0'结束符为止。在字符串处理函数中，strcmp()函数用于完成字符串的比较功能。其语法格式如下：

```
strcmp(字符串1,字符串2);
```

这里需要说明几点：

（1）strcmp()函数用来比较字符串 1 和字符串 2 的大小。

（2）从两个字符串的首字符开始，依次比较对应字符的 ASCII 码，直到出现不同的字符或'\0'为止，并由函数返回值返回比较结果。

（3）比较的返回值有以下三种情况：

①字符串 1 等于字符串 2，返回值为 0；

②字符串 1 大于字符串 2，返回值为正数；

③字符串 1 小于字符串 2，返回值为负数。

例5.6 使用 strcmp()函数进行字符串比较。

分析：本例使用 strcmp()函数对字符串进行字典序比较，返回值为 0 表示相等，负数表示 s1 小于 s2，正数表示 s1 大于 s2。分别比较了"hello"与"hello"，"zhou"与"zhao"，以及"zhang"与"zhou"的字典序。

程序代码：

```
#include <stdio.h>
#include <string.h>
int main() {
    char s1[] = "hello", s2[] = "hello";
    printf("%d\n", strcmp(s1, s2));  // 通过printf()函数返回比较结果
    printf("%d\n", strcmp("zhou", "zhao"));
    printf("%d\n", strcmp("zhang", "zhou"));
    return 0;
}
```

运行结果：

```
0（表示"hello"与"hello"相等）
1（表示"zhou"大于"zhao"）
-1（表示"zhang"小于"zhou"）
```

程序说明：本例演示了 strcmp()函数的使用，该函数用于比较两个字符串。首先，它比较

了两个相同的字符串"hello"，返回 0 表示相等。接着，它比较了"zhou"和"zhao"，由于"zhou"的第二个字符'o'在字典序上大于"zhao"的第二个字符'a'，所以返回正数。最后，它比较了"zhang"和"zhou"，由于"zhang"的第三个字符'a'在字典序上小于"zhou"的第三个字符'o'，所以返回负数。

4．求字符串长度函数 strlen()

在 C 语言中，虽然可以通过循环判断字符串结束标志 "\0" 来获得字符串的长度，但是这种方法相对烦琐。在 "string.h" 头文件中可以使用 strlen() 函数来计算字符串的长度。strlen() 函数的语法格式如下：

```
strlen(字符数组名);
```

该函数的功能是计算字符串的实际长度（不包括字符串结束标志 "\0"），并返回字符串的实际长度值。

例5.7 使用 strlen()函数求字符串长度。

分析：在本例中首先定义了一个字符数组 text，用来存储用户输入的密码，然后使用 strlen() 函数计算字符串长度，并使用 if...else 语句判断长度是否等于 6。

程序代码：

```
#include<stdio.h>
#include<string.h>
int main() {
    char text[50];
    printf("输入一个密码:\n");        //通过printf()函数返回比较结果
    scanf("%s", &text);              //获取输入的字符串
    if (strlen(text) == 6)           //计算字符串长度并比较是否等于6
        printf("输入密码是6位\n");
    else
        printf("输入密码不是6位\n");
    return 0;
}
```

运行结果：

```
输入一个密码:
564581
输入密码是6位
```

程序说明：本例演示了如何使用 strlen()函数来计算字符串的长度。它要求用户输入一个密码，并检查密码是否为 6 位。如果是，则输出"输入密码是 6 位"；否则，输出"输入密码不是 6 位"。

5．字符串大小写转换函数 strupr()、strlwr()

除了处理字符串的比较、复制、连接以外，C 语言还提供了字符串大小写转换的函数，分别是 strupr()和 strlwr()函数。

strupr()函数的语法格式如下：

```
strupr(字符串);
```

功能：将字符串中的小写字母转换为大写字母，而其他字符不变。

strlwr()函数的语法格式如下：

```
strlwr(字符串);
```

功能：将字符串中的大写字母转换为小写字母，而其他字符不变。

例5.8 使用 strupr()和 strlwr()函数进行字符串大小写转换。

分析：在本例中首先定义两个字符数组，用来存储待转换的字符串以及转换后的字符串，并根据用户输入的操作指令选择调用 strupr()或 strlwr()函数分别进行大小写转换。

例 5.8

程序代码：

```
#include<stdio.h>
#include<string.h>
int main(){
    char text1[20], change1[20], change2[20], text2[20];//定义字符数组
    printf("输入一个字符串:\n");
    scanf("%s", &text1);                    //输入要转换的字符串
    strcpy(change1, text1);                 //复制要转换的字符串
    strupr(change1);                        //字符串转换大写
    printf("转换成大写字母的字符串:%s\n", change1);
    printf("输入一个另字符串:\n");
    scanf("%s", &text2);
    strcpy(change2, text2);
    strlwr(change2);                        //字符串转换小写
    printf("转换成小写字母的字符串:%s\n", change2);
    return 0;
}
```

运行结果：

```
输入一个字符串:
hello
转换成大写字母的字符串:HELLO
输入一个另字符串:
WORLD
转换成小写字母的字符串:world
```

程序说明：本例演示了如何使用 strupr()和 strlwr()函数对字符串进行大小写转换。用户需输入两个字符串，程序会将第一个字符串转换为大写并输出，然后将第二个字符串转换为小写并输出。

例5.9 本例要求使用 C 语言编写一个程序，通过创建数组和字符串，调用相应函数进行数组排序和字符串反转，并观察输出结果，以确认是否符合预期。

例 5.9

分析：本例主要完成了两个功能，数组排序和字符串反转。

首先，selectionSort()函数使用了选择排序算法对整数数组进行排序。函数内部有两个循环，外层循环控制排序的轮数，内层循环则负责在每一轮中找到当前未排序部分的最小元素，并与其进行交换。

其次，reverseString()函数用于反转字符串。其中一个指针 i 从字符串开头开始，另一个指针 j 从末尾开始，然后它们逐渐向中间移动，交换对应位置的字符，从而实现反转。

在 main()函数中，程序首先定义了一个整数数组 nums 和一个字符数组 sentence，并分别初始化为特定的值。然后，程序通过调用 selectionSort()和 reverseString()函数对它们进行处理，并通过 printf()函数打印出处理前后的结果，以便观察并验证程序的正确性。

程序代码:

```c
#include <stdio.h>
#include <string.h>
// 数组排序函数(选择排序)
void selectionSort(int arr[], int n) {
    int i, j, minIdx, temp;
    for (i = 0; i < n - 1; i++) {
        minIdx = i;
        for (j = i + 1; j < n; j++) {
            if (arr[j] < arr[minIdx]) {
                minIdx = j;
            }
        }
        temp = arr[i];
        arr[i] = arr[minIdx];
        arr[minIdx] = temp;
    }
}
// 字符串反转函数
void reverseString(char str[]) {
    int i, j;
    char temp;
    for (i = 0, j = strlen(str) - 1; i < j; i++, j--) {
        temp = str[i];
        str[i] = str[j];
        str[j] = temp;
    }
}
int main() {
    int nums[5] = {5, 2, 8, 1, 3};
    int i;
    printf("原始数组: ");
    for (i = 0; i < 5; i++) {
        printf("%d ", nums[i]);
    }
    printf("\n");
    selectionSort(nums, 5);
    printf("排序后数组: ");
    for (i = 0; i < 5; i++) {
        printf("%d ", nums[i]);
    }
    printf("\n");
    char sentence[20] = "Hello, world!";
    printf("原始字符串: %s\n", sentence);
    reverseString(sentence);
    printf("反转后字符串: %s\n", sentence);
    return 0;
}
```

运行结果:

原始数组: 5 2 8 1 3

```
排序后数组: 1 2 3 5 8
原始字符串: Hello, world!
反转后字符串: !dlrow ,olleH
```

程序说明：本例首先定义了两个函数，selectionSort()函数使用选择排序算法对整数数组进行排序，reverseString()函数则通过双指针交换字符的方法反转字符串。在main()函数中，程序创建了包含5个整数的数组和"Hello, world!"字符串，并展示了它们的原始值。随后，通过调用这两个函数，程序分别实现了数组的排序和字符串的反转，并输出了处理后的结果。

习 题 五

一、选择题

1. 在C语言中，定义一个包含5个元素的整数数组的正确方式是（   ）。
   A. int arr[5] = {1, 2, 3, 4, 5};   B. int arr(5) = {1, 2, 3, 4, 5};
   C. int arr{5} = {1, 2, 3, 4, 5};   D. int arr = {1, 2, 3, 4, 5};

2. 以下选项不能用来初始化一个字符数组的是（   ）。
   A. char str[] = "Hello";   B. char str[10] = {'H', 'e', 'l', 'l', 'o'};
   C. char str[5] = "Hello";   D. char str[10]; str = "Hello";

3. 在C语言中，以下函数用于获取字符串长度的是（   ）。
   A. strlen()   B. sizeof()   C. length()   D. str_len()

4. 关于二维数组，以下说法错误的是（   ）。
   A. 二维数组可以看作是一维数组的数组
   B. 二维数组的元素可以通过两个下标来访问
   C. 二维数组的行数和列数必须是相同的
   D. 二维数组在内存中是按行存储的

5. 下列一维数组的定义中正确的是（   ）。
   A. int a[];   B. int n=10, a[n];
   C. int a[10+1]={0};   D. int a[3] = {1, 2, 3, 4};

6. 在C语言中，关于字符串，以下说法正确的是（   ）。
   A. 字符串常量存储在栈内存中   B. 字符串常量存储在堆内存中
   C. 字符串常量存储在静态存储区   D. 字符串常量存储在代码段

7. 在C语言中，以下函数用于将字符串s2拼接到字符串s1末尾的是（   ）。
   A. strcat(s1, s2);   B. strcpy(s1, s2);
   C. strcmp(s1, s2);   D. strlen(s1);

8. 以下关于C语言数组的说法中，错误的是（   ）。
   A. 数组名代表数组首元素的地址
   B. 数组名本身是一个指针
   C. 数组的大小在声明后不能再改变
   D. 可以通过下标访问数组中的元素

9. 若有说明：int a[][3]={{1,2,3},{4,5},{6,7}}; 则数组 a 的第一维的大小为（　　）。
   A. 3　　　　　B. 2　　　　　C. 4　　　　　D. 无确定值

10. 以下程序运行后的输出结果是（　　）。

```
#include<stdio.h>
int main( ){
    char a[7] = "a0\0a0\0";
    int i, j;
    i = sizeof(a);
    j = strlen(a);
    printf("%d %d", i, j);
    return 0;
}
```

　　A. 22　　　　　B. 72　　　　　C. 75　　　　　D. 62

二、填空题

1. 在 C 语言中，字符串通常是以字符数组的形式存储的，且字符串的结尾使用_____字符来表示。

2. C 语言中的字符串比较函数是_____，它用于比较两个字符串是否相等。

3. 以下代码片段中，数组 str 的大小为_____，str[2]的值为_____。

```
char str[3][10] = {"apple", "banana", "cherry"};
```

4. 在 C 语言中，获取字符串长度的函数是_____。

5. 以下代码片段中，字符串 str 的长度为_____。

```
char str[] = "Hello, world!";
```

6. 在 C 语言中，如果有一个字符数组 char arr[10] = "hello"; 则 arr[5]的值是_____。

7. 填入适当的代码，使得程序能够计算并输出输入数组的元素之和。

```
#include <stdio.h>
int main() {
    int nums[5] = {10, 20, 30, 40, 50};
    int sum = 0;
    for (int i = 0; i < _____; i++) {
        _____;          // 计算数组元素之和
    }
    printf("数组元素的和为: %d\n", sum);
    return 0;
}
```

8. 以下程序运行后输出结果是_____。

```
#include<stdio.h>
int main(){
    int i, j, a[3][3];
    for(i = 0;i < 3;i++){
        for(j = 0;j < 3;j++){
            if(i + j == 3)
                a[i][j] = a[i - 1][j - 1] + 1;
            else
                a[i][j] = j;
```

```
            printf(" %4d" , a[i][j]);
        }
        printf("\n");
    }
    return 0;
}
```

9. 以下程序运行后输出结果是_____。

```
#include<stdio.h>
int main(){
    int i, j, k, a[10];
    a[0] = 1;
    for(i = 0; i < 5; i++)
        for(j = i; j < 5; j++)
            a[j] = a[i] + 1;
    for(i = 0;i < 5; i++)
        printf("%4d",a[i]);
    return 0;
}
```

10. 以下程序运行后输出结果是_____。

```
#include <stdio.h>
int main(){
    char str[ ] = "abcdef" ;
    int a , b;
    for(a = b = 0 ;str[a] != '\0';a++){
        if(str[a] != 'c')
            str[b++] = str[a];
    }
    str[b] = '\0';
    printf("str[] =% s\n",str);
    return 0;
}
```

三、编程题

1. 编写一个程序，从键盘输入 10 个整型数据，放入数组 a 中，求其最大值、最小值及其所在元素的下标位置，并输出。

2. 编写一个程序，输入一行字符串，统计其中的英文字符、数字字符、空格和其他字符的个数。

第 6 章
指针与内存管理

指针是 C 语言的"灵魂",是 C 语言最重要的数据类型,也是 C 语言与其他编程语言的重要区别之一。C 语言中的各种类型变量、数组和函数都与指针密切相关。指针不仅为我们打开了编程的便捷之门,使得数据的传递更加高效和灵活,还提供了一种直接访问内存地址的机制,使得对数据和程序的控制更加精准。然而,指针的错误使用也可能导致程序运行时出现各种问题,甚至引发程序崩溃或安全漏洞。本章将深入探讨指针的各种用法,包括指针的概念与运算、指针与数组、指针与函数、动态内存分配与管理等内容。通过学习本章,读者将能够理解指针的本质和工作原理,掌握指针的正确使用方法,提高程序的健壮性和稳定性。

6.1 指针的概念与运算

在计算机中,地址指的是内存中存储某个变量或对象的位置。可以将这个位置看作是变量在内存中的门牌号码,通过这个号码我们可以找到存储的数据。为了更好地理解这一概念,可以通过一个微信号和微信内容的类比来说明。

在微信中,每个用户都有一个唯一的微信号,这个微信号相当于用户的地址,通过微信号可以找到用户的个人信息、聊天记录等内容。同样地,在计算机内存中,每个变量或对象也有一个唯一的地址,通过这个地址可以找到存储在这个位置上的数据。

这种类比可以帮助我们更直观地理解指针和内存地址的关系。就像微信号能够唯一标识一个用户并定位到用户的信息一样,内存地址也能够唯一标识一个变量或对象并定位到存储在这个地址上的数据。通过理解地址的概念,我们可以更好地理解指针的作用和内存管理的原理。

1. 指针的基本概念

指针的基本概念是理解指针和内存管理的关键。在计算机中,内存单元是存储数据的基本单位,通常每个内存单元可以存储 1 字节的数据。为了方便管理和访问这些内存单元,每个单元都被赋予了一个唯一的地址,这个地址用来标识和定位存储的数据。

可以将这个过程类比为使用微信的情境,这有助于更好地理解指针和内存地址的关系。在

图 6-1 中，展示了九个内存单元，它们编号为 1000～1008，这些数字就是这些内存单元的地址。这些地址可以想象成微信号，用来唯一标识每个内存单元。而实际存放在这些地址上的数据就好比微信中的内容。

通过这个类比，可以理解指针的基本概念：指针是用来存储地址的变量，它指向内存中的某个位置，可以访问和操作这个位置上的数据。指针就像在微信中使用的地址，通过它可以找到存储在内存中的数据，实现对数据的管理和操作。

在 C 语言中，指针是一种特殊的变量类型，它存储的是内存地址。换句话说，指针变量中存储的是某个变量或对象在内存中的位置，而不是实际的值。指针允许程序直接访问内存中的数据，而不是通过变量名访问。

在程序中定义变量时，编译系统会根据变量的数据类型为其分配相应数量的内存单元。不同的数据类型占据的存储空间不同，例如，字符型变量占据 1 字节的存储单元，整型变量占据 4 字节的存储单元，实型变量也占据 4 字节的存储单元。

举个例子，假设定义了 3 个变量：整型变量 i、实型变量 j、字符型变量 n。它们在内存中的存储方式如图 6-1 所示。

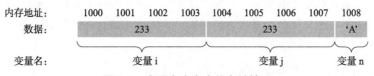

图 6-1 变量在内存中的存储情况

整型变量 i 占据 4 字节内存单元，地址范围是 1000 到 1003，保存的数据是 233；实型变量 j 同样占据 4 字节内存单元，地址范围是 1004 到 1007，保存的数据是 2.33；字符型变量 n 则占据 1 个字节内存单元，地址是 1008，保存的数据是字符'A'。

在 C 语言中，规定变量的"地址"指的是其在内存存储区中由小到大的第 1 字节的地址。换句话说，变量 i 的地址是 1000，变量 j 的地址是 1004，变量 n 的地址是 1008。这些地址在内存中起到了指向变量存储位置的作用，同时也隐含了变量的数据类型信息。

通过对内存中变量存储的示意图理解，能更清晰地认识变量在内存中的布局和指针的基本概念。指针存储的就是这些变量的地址，通过指针可以直接访问和操作这些存储单元中的数据。这种直接访问内存的方式提供了高效和灵活的数据处理能力，但也需要谨慎使用，以避免出现指针操作错误导致的问题。

2．声明和定义指针

指针是用来存储地址值的变量，也就是说，它存储的是某个变量或对象在内存中的位置，而不是实际的值。在 C 语言中，为了能够有效地操作指针，我们需要声明和定义指针变量。指针变量用来保存地址值，并且每个指针变量都有自己的数据类型，因为一个地址值隐含了指向的数据类型信息。

在 C 语言中，定义指针变量的一般形式如下：

```
数据类型 *变量名1,*变量名2,…,*变量名n;
```

与一般变量的定义类似，指针变量的定义也需要指定数据类型，但在变量名之前需要加上星号"*"，这个星号表示这是一个指针变量。下面是对指针变量定义的几点说明：

（1）星号"*"是指针变量的标识符，不能省略，它在这里的作用是指示这是一个指针变量。

（2）指针变量的命名规则遵循 C 语言的标识符规则，可以是任意合法的标识符。

（3）数据类型是指针变量中存放的地址所指向的变量的类型。

例如，定义一个整型指针变量，可以这样写：

```
int *ptr;
```

这行代码定义了一个名为 ptr 的整型指针变量，它可以存储 int 类型的地址值。这个定义告诉编译器，ptr 是一个指针变量，它可以指向整型变量的地址。

3．获取变量的地址

与普通变量类似，指针变量在使用之前需要进行定义，并且必须赋予具体的值。未经赋值的指针变量是不能使用的。与普通变量不同的是，给指针变量赋值时需要赋予地址，而不是其他任何数据。在 C 语言中，可以使用地址运算符&来获取变量的地址。获取变量地址的一般形式如下：

```
&变量名;
```

下面是关于取地址运算符&的几点说明：

（1）&的作用是获取变量的地址，它会返回操作对象在内存中的存储地址。

（2）&只能用于一个具体的变量或数组元素，不能用于表达式或常量。例如，&a 表示变量 a 的地址，&b 表示变量 b 的地址。

（3）取地址运算符&是单目运算符，结合性是自右向左的。

给指针变量赋值有两种常见的方法：

①定义指针变量的同时就进行赋值。一般形式如下：

```
数据类型 *指针变量名 = &变量名;
```

例如：

```
int a;                  //定义整型变量
int *p = &a;            //定义指针变量并赋值
```

②先定义指针变量，然后再进行赋值。一般形式如下：

```
指针变量名 = &变量名;
```

例如：

```
int a;                  //定义整型变量
int *p;                 //定义整型指针变量
p = &a;                 //给指针变量赋值
```

需要注意的是，在第二种赋值形式中，定义完指针变量之后再进行赋值时不需要加上星号*。这是因为赋给指针变量的是一个地址，而不是变量的值。

4．访问指针指向的值

定义和赋值完指针变量后，就可以开始使用指针变量来访问其指向的存储单元中的内容。访问指针变量所指向的值的形式如下：

```
*指针变量
```

这里有以下几点说明：

● 这里的*不是乘号也不是指针的说明符，而是取指针变量所指存储单元中的内容。

- *运算符之后的变量必须是指针变量。
- 取内容运算符*是单目运算符，结合性是自右向左的。

例如：

```
int i, *p;            //定义整型变量和整型指针变量
p = &i ;              //将i的地址赋给*p
*p =1;                //将1存储到p内存中
```

上面的代码中，*p = 1;相当于 i = 1;的效果，因为 p 指向了变量 i 的地址，通过*p 即可修改 i 的值为 1。

5．指针的运算

指针变量与其他普通变量一样，也可以进行运算，但与普通变量不同的是，指针变量的运算与地址值和数据类型的字节数有关。接下来我们将详细讨论指针的运算。

1）指针的自增自减运算

指针的自增自减运算不同于普通变量的自增自减运算。它并不是简单地加 1 或减 1，而是根据指针变量所指向数据类型的字节数来进行增减。

例6.1 指针自增。

分析：本例演示了指针自增操作。首先，通过 scanf()函数获取用户输入的整数，并将其地址赋给指针 p。然后，输出指针 p 的初始地址。接着，p++操作使指针指向下一个整型变量（非字节）的地址，并输出新的地址。

程序代码：

```
#include<stdio.h>
int main(){
    int i;                              //定义整型变量
    int* p;                             //定义指针变量
    printf("please input the number:\n");  //提示信息
    scanf("%d", &i);                    //输入数据
    p = &i;                             //将变量i的地址赋给指针变量
    printf("the result1 is: %d\n", p);  //输出 p 的地址
    p++;                                //地址加1，这里的1并不代表1字节
    printf("the result2 is: %d\n", p);  //输出 p++后的地址
    return 0;
}
```

运行结果：

```
please input the number:
50
the result1 is: 1378425780
the result2 is: 1378425784
```

程序说明：在本例中，整型变量 i 在内存中占 4 字节，指针 p 是指向变量 i 的地址的。在 p++时，指针 p 按照整型数据类型的字节数增加，而不是简单地加 1。也就是说，指针的自增会按照它所指向的数据类型的直接长度进行增加，同样自减也是会按照它所指向的数据类型的直接长度进行减小。

2）指针的加减运算

指针的加减运算也是按照指针所指向的数据类型的字节数进行计算的。例如：

```
int *p;
float *q;
p += 5;
q -= 5;
```

假设 p 的初始地址是 1000，q 的初始地址是 2000，进行计算后：

计算 p+=5 的地址（int 类型占 4 字节内存单元）：1000+5*4=1020；

计算 q-=5 的地址（float 类型占 4 字节内存单元）：2000-5*4=1980。

从这个例子可以总结出加减运算求地址一般格式：

初始地址值 +(-) 数字*字节数

这种指针加减运算可以实现指针的移动，通过移动指针可以访问相邻存储单元的值，在使用数组时特别有用。

3）两个指针变量相减

如果两个指针指向同一个数组的元素，那么两指针相减所得的差就是两个指针所指数组元素之间的距离，即相差的元素个数。实际上是两个指针值（地址）相减的结果再除以该数组元素的字节数。

4）两个指针变量比较

如果两个指针指向同一个数组的元素，通过比较两个指针的值，可以判断相应的数组元素的位置先后。

6．空指针和野指针的概念

当谈论指针和内存管理时，需要了解空指针和野指针这两个重要概念。它们在 C 语言中具有特殊的含义和用途，对于编写高效、安全的程序至关重要。

1）空指针

空指针指的是指针变量没有指向任何有效的内存地址，即该指针不指向任何变量或对象。在 C 语言中，空指针用关键字 NULL 表示，通常定义空指针的方法是将指针变量赋值为 NULL，例如：

```
int *ptr = NULL;
```

空指针在编程中有重要的作用，例如：

（1）在程序中初始化指针变量，防止指针变量的内容是一个未知的地址值。

（2）在动态内存分配后，将指针重置为 NULL，防止出现野指针。

在使用指针变量之前，建议始终检查指针是否为 NULL，以确保程序的健壮性和安全性。

2）野指针

野指针指的是指针变量没有正确初始化或者指向了非法的内存地址，这种指针会导致程序运行出错或者产生未知的行为。野指针的存在可能是由于以下几种情况造成的：

（1）指针变量没有正确初始化，即没有赋予有效的地址值。

（2）指针变量在释放后没有置为 NULL，继续被使用。

（3）指针变量指向的对象或变量已经被释放或销毁，但指针未及时置为 NULL。

使用野指针可能会导致程序崩溃、内存泄漏或者无法预测的结果。为了避免野指针的问题，应该养成良好的编程习惯：

（1）在定义指针变量时，始终将其初始化为 NULL。

（2）在指针使用完毕后，及时将指针置为 NULL，防止被误用。

（3）注意指针的生命周期，避免使用已经被释放的指针。

以下是一个野指针的示例：

```
int *ptr;
*ptr = 10;          //这里的ptr是野指针，未经过正确初始化即被使用
```

在 C 语言中，合理使用空指针和避免野指针的产生对于保证程序的稳定性和可靠性非常重要。通过正确的指针管理和内存分配释放，可以有效避免内存泄漏和程序运行异常的问题。

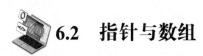 6.2 指针与数组

在 C 语言中，指针与数组密切相关。数组是一系列相同类型的元素的集合，而指针则是用来存储内存地址的变量。通过将数组的地址赋给指针，可以使用指针来操作数组中的元素。接下来将介绍如何使用指针来引用一维数组和二维数组中的元素。

1．一维数组与指针

当定义一个一维数组时，系统会在内存中为该数组分配一段连续的存储空间，并将数组的名称视为该数组在内存中的首地址。如果再定义一个指针变量，并将数组的首地址赋给这个指针变量，那么该指针就指向了这个一维数组。例如：

```
int *p, a[10];
p = a;
```

在这里，a 是数组名，也就是数组的首地址，将它赋给指针变量 p，即将数组 a 的首地址赋给 p。也可以写成下面这种形式：

```
int *p, a[10];
p = &a[0];
```

上面的代码将数组 a 中的第一个元素的地址赋给指针变量 p。由于 a[0] 的地址就是数组的首地址，因此这两种赋值操作的效果是完全相同的，如例 6.2 所示。

例 6.2 输出数组中的元素。

程序代码：

```
#include<stdio.h>
int main(){
    int *p, *q, a[5], b[5], i;      //定义变量
    p = &a[0];                       //将数组元素赋给指针
    q = b;
    printf("please input array a:\n");
    for (i = 0; i < 5; i++)
        scanf("%d", &a[i]);          //遍历输入数组 a
    printf("please input array b:\n");
    for (i = 0; i < 5; i++)
        scanf("%d", &b[i]);          //遍历输入数组 b
    printf("array a is:\n");
    for (i = 0; i < 5; i++)
        printf("%5d", *(p + i));     //利用指针输出数组 a 中的元素
    printf("\n");                    //换行
    printf("array b is:\n");
```

```
        for (i = 0; i < 5; i++)
            printf("%5d", *(q + i));       //利用指针输出数组 b 中的元素
        printf("\n");
        return 0;
    }
```

运行结果：

```
please input array a:
21 65 78 54 65
please input array b:
32 45 78 62 45
array a is:
   21   65   78   54   65
array b is:
   32   45   78   62   45
```

程序说明：本实例首先定义了两个整数指针 p 和 q 以及两个整数数组 a 和 b。p 指向数组 a 的首地址，而 q 直接指向数组 b 的首地址（数组名即为首地址）。程序通过循环接收用户输入的两个数组的值，并使用指针 p 和 q 通过偏移来访问和打印这两个数组的元素。指针的使用使得数组元素的访问更加灵活和高效。

通过上述代码，可以看到在例 6.2 中的第 4~5 行的这两条语句：

```
p = &a[0];
q = b;
```

这两种表示方法都是将数组的首地址赋给指针变量。

对一维数组中的元素进行引用时，可以使用如下的语法：

```
int *p, a[5];
p = &a[0];
```

针对上面的代码，将从以下几个方面进行介绍：

（1）p+n 和 a+n 分别表示数组元素 a[n]的地址，即&a[n]。由于整个数组 a 共有 5 个元素，因此 n 的取值范围是 0 到 4，所以数组元素的地址可以表示为从 p+0 到 p+4 或从 a+0 到 a+4。

（2）用*(p+n)和*(a+n)来表示数组中的各元素，这种写法是利用指针来引用数组元素的地址，实现对数组元素的操作。

2．二维数组与指针

通过定义一个 3 行 5 列的二维数组来展示，可以更加直观地理解二维数组在内存中的存储形式，如图 6-2 所示。下面将逐一介绍几种表示二维数组元素地址的方法。

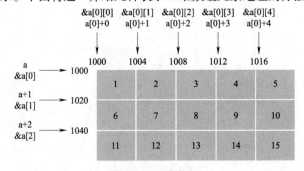

图 6-2　二维数组

首先，对于二维整型数组 a，可以使用&a[0][0]表示数组 0 行 0 列的首地址 1000，也可以将其视为整个二维数组的首地址。由于整型变量占据 4 字节内存单元，表达式 a[0]+n 表示第 0 行第 n 个元素的地址，对应的地址就是 1000+n*4。对于元素 a[m][n]，其地址为&a[m][n]，即第 m 行第 n 列元素的地址，对应的地址是 1000+20*m+4*n。

例 6.3 通过输入数字，将其以二维数组形式显示出来。

例 6.3

分析：本例首先定义了一个 3 行 5 列的二维数组 a。通过嵌套循环接收用户输入，将数字存储在二维数组中。在输出时，同样使用嵌套循环遍历数组，并使用指针 a[i] + j（等同于&a[i][j]）访问并打印数组元素。

程序代码：

```
#include<stdio.h>
int main(){
    int a[3][5], i, j;
    printf("please input:\n");
    for (i = 0; i < 3; i++)              //二维数组的行数
        for (j = 0; j < 5; j++)          //二维数组的列数
            scanf("%d", a[i] + j);       //给二维数组元素赋初值
    printf("the array is:\n");
    for (i = 0; i < 3; i++){
        for (j = 0; j < 5; j++)
            printf("%5d", *(a[i] + j));  //输出数组中的元素
        printf("\n");
    }
    return 0;
}
```

运行结果：

```
please input:
25 32 54 23 54
25 41 25 14 32
26 21 32 54 25
the array is:
   25   32   54   23   54
   25   41   25   14   32
   26   21   32   54   25
```

程序说明：本例接收用户输入的 15 个整数（形成 3×5 的二维数组），并将这些整数以二维数组的形式打印出来。

3. 字符串与指针

字符串的访问可以通过字符数组存放实现，也可以通过字符指针指向字符串来实现。我们定义了一个字符型指针变量，并将其初始化，然后输出初始化内容。例如：

```
char *str = "Hello World";
printf("%s", str);
```

通过上述代码可以看出，字符型指针变量 str 被赋予了字符串"Hello World"的首字符地址。这里并不是将整个字符串存放到 str 中，而是将字符串的首地址赋给了指针变量 str。

6.3 指针与函数

在介绍函数时,我们了解到整型变量、实型变量、字符型变量、数组名和数组元素等均可作为函数参数。此外,指针型变量也可以作为函数参数以及返回值。下面将对指针作为函数参数进行具体介绍。

1. 指针作为函数参数

首先通过例 6.4 来看一下如何使用指针变量作为函数参数来交换两个变量的值。

例 6.4 交换两个变量值。

分析:本例通过定义一个 swap() 函数实现两个整数变量的值交换。利用指针传递变量的地址,在函数内部通过临时变量 tmp 实现值的交换,最终改变了原始变量的值。

程序代码:

```
#include <stdio.h>
void swap(int * a, int * b){
    int tmp;
    tmp = *a;
    *a = *b;
    *b = tmp;
}
int main(){
    int x, y;
    int* p_x, * p_y;
    printf("请输入两个数: \n");
    scanf("%d", &x);
    scanf("%d", &y);
    p_x = &x;
    p_y = &y;
    swap(p_x, p_y);
    printf("x =% d\n", x);
    printf("y =% d\n", y);
    return 0;
}
```

运行结果:

```
请输入两个数:
25 36
x=36
y=25
```

程序说明:本例首先接收用户输入的两个整数 x 和 y,然后通过指针 p_x 和 p_y 将它们的地址传递给 swap() 函数进行交换,最后输出交换后的 x 和 y 的值。整个程序通过地址实现变量交换的过程如图 6-3(a)~(c)所示。

①函数 swap() 中使用了两个指针作为函数参数。

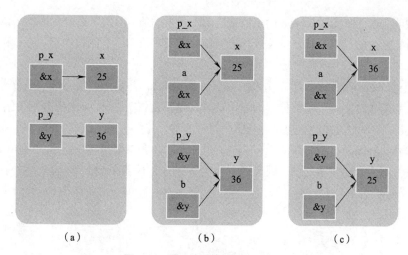

图 6-3 通过地址实现变量交换

②在主函数 main() 中，首先将变量 x、y 的地址值传递给指针变量 p_x、p_y，如图 6-3（a）所示。然后通过调用 swap() 函数将指针变量 p_x、p_y 的值（也就是 x，y 的地址值）传递给指针变量 a、b，如图 6-3（b）所示。

③函数 swap() 的执行过程中通过引用指针变量来改变所处的存储单元内容，如图 6-3（c）所示。

④程序结束后，实现了变量 x、y 的值，而形参 a、b 被释放。

这种传递方式称为地址传递，通过向函数传递变量的地址可以改变相应的内存单元内容。

例6.5 将例 6.4 的程序代码修改如下：

程序代码：

```
#include <stdio.h>
void swap(int a, int b){
    int tmp;
    tmp = a;
    a = b;
    b = tmp;
}
int main(){
    int x, y;
    printf("请输入两个数: \n");
    scanf("%d", &x);
    scanf("%d", &y);
    swap(x, y);
    printf("x =% d\n", x);
    printf("y =% d\n", y);
    return 0;
}
```

运行结果：

```
请输入两个数:
32  45
x=32
y=45
```

程序说明：本例试图通过 swap() 函数交换两个变量的值，但由于参数传递的是值的拷贝而非地址，因此函数内部对 a 和 b 的交换不会影响到外部的 x 和 y。函数执行后，x 和 y 的值未发生改变。

本例通过 main() 函数接收用户输入的两个整数 x 和 y，并尝试调用 swap() 函数进行交换。在调用 swap() 函数时，由于参数传递的是值传递，也就是将实参 x、y 的值分别传给了形参 a、b，执行完成，a、b 的值并没有交换。从整个过程来看，并没有看到改变 x、y 两个变量所处的内存单元内容，所以导致两个数值没有交换。虽然形参和实参都是整型变量，但在函数内部对形参的修改并不会影响实参的值，因为形参和实参是两个不同的变量。改变之后的程序执行过程如图 6-4（a）～（c）所示。

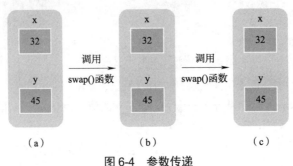

图 6-4　参数传递

2．指针作为函数返回值

一个函数可以返回一个整型值、字符值、实型值等，也可以返回指针型的数据，即地址。其概念与函数中介绍的类似，只是返回值的类型是指针类型而已。返回指针值的函数可以简称为"指针函数"。

定义指针函数的一般形式如下：

数据类型 *函数名(参数列表){语句体}

等价于

(数据类型 *)函数名(参数列表){语句体}

例如：

int *fun(int x, int y){}

这里定义了一个函数 fun()，它有两个整型 x，y 作为形参，返回一个指向整型变量的指针。

例 6.6　求长方形的周长。

分析：在本例中接收用户输入的长方形的长和宽，然后调用 per() 函数计算周长并返回结果，per() 函数未使用指针。

程序代码：

```c
#include<stdio.h>
int per(int a, int b){
    return (a + b) * 2;
}
int main(){
    int wid, len, res;
    printf("请输入长方形的长:\n");
    scanf("%d", &len);
```

```
        printf("请输入长方形的宽:\n");
        scanf("%d", &wid);
        res = per(wid, len);
        printf("长方形的周长是:");
        printf("%d\n", res);
        return 0;
}
```

运行结果:

请输入长方形的长:
24
请输入长方形的宽:
18
长方形的周长是:84

例6.7 利用指针函数实现求长方形的周长。例6.6中用前面讲过的方式自定义了一个per()函数，用来求长方形的面积。下面就来看一下在例6.6的基础上如何使用返回值为指针的函数。

分析： 在本例中定义了一个全局变量Perimeter和一个返回指针的函数per()，用于计算长方形的周长。per()函数返回指向Perimeter的指针，main()函数通过指针变量res接收该指针，并打印出指向的值，即周长。

程序代码：

```
#include<stdio.h>
int Perimeter;
int *per(int a, int b){            //定义返回指针值的函数
    int *p;
    p = &Perimeter;
    Perimeter = (a + b) * 2;
    return p;
}
int main(){
    int wid, len, *res;
    printf("请输入长方形的长:\n");
    scanf("%d", &len);
    printf("请输入长方形的宽:\n");
    scanf("%d", &wid);
    res = per(wid, len);
    printf("长方形的周长是:");
    printf("%d\n", *res);
    return 0;
}
```

运行结果：

请输入长方形的长:
24
请输入长方形的宽:
18
长方形的周长是:84

程序说明： 本例演示了如何使用指针函数来计算长方形的周长。通过调用per()函数并传入长和宽，res获得指向周长的指针，并输出该周长。这种方式展示了指针在函数返回值中的应用。

程序中自定义了一个返回指针值的函数：

```
int *per(int x, int y)
```

它返回一个指向整型变量的指针，指向存储着所求长方形周长的变量。

3. 指向函数的指针

指针变量也可以指向一个函数。一个函数在编译时被分配一个入口地址，该入口地址就称为函数的指针。

1）函数指针的定义

函数指针的定义的一般格式如下：

```
数据类型(*指针变量名)(形参列表)
```

这里有以下几点说明：

- 函数指针和它所指向的函数参数个数和类型应该是一致的。
- 指针变量名外的圆括号不可以省略，因为()的优先级高于*，否则将会变成指针函数的形式。

例如：

```
int (*fun)(int a, int b)
```

这句代码定义了一个函数指针 fun()，它所指向的函数是一个返回值指向整型变量的函数，并且有两个整型的形参。

> ⚠ 注意：
> - int *fun (int a, int b) 是定义一个函数 fun()，返回值是指向整型变量的指针。
> - int (*fun) (int a, int b) 是定义一个指向函数的指针，它的返回值是整型。

2）函数指针的初始化

既然函数名代表了函数的入口地址，在赋值时，就可以直接把函数名赋给一个函数针变量。例如：

```
int fun(int a, int b);              //定义一个函数
int (*fun1)(int a, int b);          //定义一个函数指针
fun1 = fun;                         //将 fun 首地址赋给 fun1
```

3）函数指针的引用

函数指针也可以进行引用，例如：

```
int (*fun1)(int a, int b);          //定义一个函数指针
int *p;                             //定义一个指针变量
(*fun1) = &(*p)                     //函数指针的引用
```

在这里，fun1 指向了 p 所指向的内容，即指向了一个函数的地址。

6.4 动态内存分配与管理

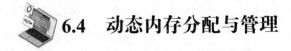

程序存储的概念是所有数字计算机的基础，程序的机器语言指令和数据都存储在同一个逻辑内存空间里。下面将具体介绍内存是按照怎样的方式组织的。

1. 内存组织方式

在程序编写完成后,为了运行程序,需要将程序装载到计算机的内核或半导体内存中。内存模型可以总结为以下 4 个逻辑段:

(1)可执行代码:包含程序的机器语言指令,用于执行程序的主要逻辑。
(2)静态数据:存储程序的静态数据,这些数据在程序运行期间保持不变。
(3)动态数据(堆):用于存放程序在运行时动态分配和释放的内存块,称为自由存储空间。
(4)栈:存放局部数据对象、函数的参数以及调用函数和被调用函数之间的联系。

堆和栈的使用方式与平台和编译器有关,它们可以是共享的操作系统资源,也可以是程序独占的局部资源。

1)堆

堆是内存的全局存储空间,用于程序的动态分配和释放内存块。在 C 语言程序中,可以使用 malloc()函数和 free()函数来实现对堆内存的动态管理。

例6.8 在堆中分配一个 char 型指针并输出。

分析:本例在堆中为一个字符变量分配内存,将值 65(即 ASCII 码中的大写字母'A')存储到该内存地址,并通过指针 pInt 访问并输出该字符。最后,程序释放了分配的内存以避免内存泄漏。

程序代码:

```
#include <stdlib.h>
#include<stdio.h>
int main(){
    char* pInt;                              //定义指针
    pInt = (char*)malloc(sizeof(char));      //分配内存
    *pInt = 65;                              //使用分配内存
    printf("the graph is:%c\n", *pInt);      //输出显示图形
    free(pInt);                              //释放内存
    return 0;
}
```

运行结果:

```
the graph is:A
```

程序说明:本例演示了如何使用 malloc()函数在堆上动态分配内存给一个字符指针,并通过该指针访问和修改内存中的值。在使用完毕后,通过 free()函数释放了内存空间。

2)栈

栈是一种后进先出的数据结构,用于存储局部数据对象、函数的参数以及函数调用的相关信息。系统会自动管理栈内存的分配和释放。程序员经常利用栈处理后进先出逻辑的编程问题。栈的维护是由编译器生成的程序代码自动处理的,程序员不需要编写额外的代码去管理栈。

类似于我们生活中使用的栈式结构,比如玻璃杯里面装满了球,可以更形象地理解栈的工作原理。当我们向栈中压入一个球(对象)时,这个对象会被放在栈的顶部,而栈指针会向下移动一个位置。在程序运行时,系统会按照后进先出的原则,从栈中弹出对象。这意味着最后压入栈的对象会首先被弹出,然后栈指针向上移动一个位置。如果栈指针位于栈顶,表示栈是空的;如果栈指针指向最底部的后一个位置,表示栈已满。其过程如图 6-5(a)所示。

程序员经常使用栈来解决需要后进先出逻辑的编程问题。栈的管理通常由运行时系统自动处理，这是由编译器生成的程序代码负责的。虽然在源代码中看不到栈的细节，但程序员应该了解栈的概念和特性。栈的存在对于编程问题的解决起着重要作用，特别是需要临时存储数据并按照特定顺序处理时。这种栈式操作是堆与栈之间明显区别的标志之一。

图 6-5（a）展示了栈的基本操作，可以帮助读者更直观地理解栈的工作原理。在生活中，我们常见到的"后进先出"场景，比如玻璃杯里的球，效果如图 6-5（b）所示，为我们提供了一个生动的例子。要取出最底部的球 1，需要先取出上面的球 2 和球 3，这与栈的工作方式非常相似。

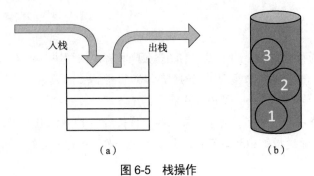

图 6-5　栈操作

2. 动态内存分配函数 malloc()、calloc()、realloc()、free()

1）malloc()函数

malloc()函数的原型如下：

```
void *malloc(unsigned int size);
```

malloc()函数被定义在 stdlib.h 头文件中，它的作用是在堆内存中动态地分配一块大小为 size 的内存空间。该函数返回一个指针，指向分配的内存空间。如果分配失败，则返回 NULL。

> **注意**：使用 malloc()函数分配的内存空间是在堆中，而不是在栈中。因此，在使用完这块内存之后，一定要将其释放掉，释放内存空间使用的是 free()函数。

例如，使用 malloc()函数分配整型内存空间的代码如下：

```
int *pInt;
pInt = (int*)malloc(sizeof(int));
```

首先，定义了一个整型指针 pInt 用来保存分配内存的地址。然后，使用 malloc()函数分配内存空间时，需要指定要分配的具体内存空间的大小，这里使用 sizeof()函数获取整型变量的大小。malloc()函数成功分配内存空间后会返回一个指针，因为我们分配的是整型空间，所以返回的指针也应该是对应的整型指针，因此需要进行强制类型转换。最后，将 malloc()函数返回的指针赋值给 pInt，这样就保存了动态分配的整型空间地址。

2）calloc()函数

calloc()函数的原型如下：

```
void* calloc(unsigned n, unsigned size);
```

calloc()函数被定义在 stdlib.h 头文件中，它的功能是在堆内存中动态分配 n 个长度为 size 的连续内存空间数组。calloc()函数返回一个指针，指向动态分配的连续内存空间地址。如果分配失败,则返回 NULL。

例如,使用 calloc()函数分配整型数组内存空间,代码如下:

```
int* arr;
arr = (int*)calloc(3, sizeof(int));
```

在这段代码中,定义了一个整型指针 arr。使用 calloc()函数分配内存数组时,第一个参数表示分配数组中元素的个数,而第二个参数表示元素的类型(这里是整型)。最后,将 calloc()函数返回的指针赋给 arr 指针变量,这样 arr 就指向了动态分配的数组的首地址。

3) realloc 函数

realloc()函数的原型如下:

```
void *realloc(void *ptr, size_t size);
```

realloc()函数被定义在 stdlib.h 头文件中,它的功能是改变 ptr 指针指向的空间大小为 size 大小。size 可以是任意大小,可以比原来的大,也可以比原来的小。realloc()函数返回一个指针,指向新地址的内存空间。如果分配失败,则返回 NULL。

例如,改变一个分配的实型空间大小成为整型大小,代码如下:

```
fDou=(double*)malloc(sizeof(double));
iInt=realloc(fDou, sizeof(int));
```

在这段代码中,首先使用 malloc()函数分配了一个实型空间 fDou。然后,使用 realloc()函数改变 fDou 指向的空间大小为整型大小。最后,将 realloc()函数返回的指针赋值给 iInt 整型指针。

4) free()函数

free()函数的原型如下:

```
void free(void *ptr);
```

free()函数被定义在 stdlib.h 头文件中,它的功能是释放由指针 ptr 指向的内存区域,使得该内存区域能够被其他变量使用。ptr 应该是最近一次调用 calloc()或 malloc()函数时返回的值。free()函数没有返回值。

例如,释放动态分配整型变量的内存空间,代码如下:

```
free(pInt);
```

这段代码表示释放了之前使用 malloc()函数分配的整型变量的内存空间 pInt。

3. 内存丢失

内存管理在 C 语言程序设计中至关重要,特别是动态内存分配和释放的正确使用。如果内存不及时释放,可能导致内存丢失,这可能会对系统性能和稳定性造成严重影响。

在使用诸如 malloc()等函数分配内存后,必须使用 free()函数进行释放;否则,未释放的内存将会造成内存泄漏,可能导致系统崩溃。虽然在一些简单程序中,未释放的内存可能不会对系统性能产生明显影响,因为操作系统在程序结束后会自动释放内存。

但是,在开发大型程序时,不释放内存会带来严重后果。举例来说,如果一个程序在运行过程中重复分配大量内存但没有及时释放,最终可能导致系统耗尽可用内存,引发系统性能下降甚至崩溃。这是因为很可能在程序中要重复一万次分配 10 MB 的内存,如果每次进行分配内存后都使用 free()函数去释放用完的内存空间,那么这个程序只需要使用 10 MB 内存就可以运行。但是如果不使用 free()函数,那么程序就要使用 100 GB 的内存。这其中包括绝大部分的虚拟内存,而由于虚拟内存的操作需要读写磁盘,这样会极大地影响到系统的性能,系统因此可能崩溃。

因此,良好的编程习惯是在使用 malloc()函数分配内存时,对应地使用 free()函数进行释放。这种习惯不仅在处理大型程序时必要,还体现了程序的优雅和健壮性。

但是有时常常会有将内存丢失的情况,例如:

```
pOld = (int*)malloc(sizeof(int));
pNew = (int*)malloc(sizeof(int));
```

这两行代码分别表示创建了一块内存,并且将内存的地址传给了指针 pOld 和 pNew,此时指针 pOld 和 pNew 分别指向两块内存。如果进行下面的操作:

```
pOld = pNew;
```

pOld 指针就指向了 pNew 指向的内存地址,这时再进行释放内存操作:

```
free(pOld);
```

这个例子中,pOld 指向了 pNew 指向的内存地址,然后释放了 pOld 指向的内存。这导致原本 pOld 指向的内存空间没有被释放,但由于没有指针指向它,造成内存丢失。要避免这种情况,需要谨慎处理指针赋值和释放内存的操作。

例 6.9

例6.9 使用指针实现常见排序算法。

分析:本例要求使用 C 语言编写一个程序,实现三种排序算法:选择排序、直接插入排序和冒泡排序。每种算法都使用了指针来直接操作数组元素,避免了数组元素的复制,提高了效率。通过对给定整型数组进行排序,并输出排序前后的数组内容,观察不同排序算法的效果。

①选择排序:通过双重循环,外层循环遍历数组的每个位置,内层循环则找出当前位置之后的最小元素,并与其交换位置。

②直接插入排序:从数组的第二个元素开始,将每个元素插入到其前面已排序的序列中的正确位置。

③冒泡排序:通过重复地遍历要排序的数组,从左到右依次比较相邻的两个元素,如果逆序则交换,直到整个数组有序。遍历数组的工作是重复地进行直到没有再需要交换,也就是说该数组已经排序完成。

程序代码:

```c
#include<stdio.h>
void selectSort(int *p,int n){          //选择排序
    int i,j,*pt,temp;
    for(i = 0; i < n; i++){
        pt = p + i;
        for(j = i + 1; j < n; j++){
            if(*(p + j) < *pt)
                pt = p + j;              //记录最小数组元素位置
        }
        temp = *pt,*pt = *(p+i),*(p+i) = temp;   //将范围内最小元素交换到位置i
    }
}
```

```c
void insertSort(int * p,int n){              //直接插入排序
    int i, j, temp;
    for (i = 1; i < n; i++){
        temp = *(p + i);
        for (j = i - 1; j >= 0 && temp < *(p + j); j--)  //将大于temp的元素循环后移
            *(p + j + 1) = *(p + j);
        *(p + j + 1) = temp;
    }
}
void bubbleSort(int *p, int n){              //冒泡排序
    int i,j,temp;
    for (i = n - 1; i >= 0; i--){
        for (j = 0; j <= i - 1; j++){
            if (*(p + j) > *(p + j + 1)){    //交换逆序元素
                temp = *(p + j);
                *(p + j) = *(p + j + 1);
                *(p + j + 1) = temp;
            }
        }
    }
}
int main(){
    int a[10] = {25, 57, 52, 46, 78, 54, 86, 75, 24, 68}, i = 0;
    printf("排序前: ");
    for(i = 0; i < 10; i++)
        printf("%d ",a[i]);
    printf("\n-------------------------------------\n");
    selectSort(a, 10);                       //置换此处的排序函数调用,观察运行结果
    /*insertSort(a, 10); */
    /*bubbleSort(a, 10); */
    printf("排序后: ");
    for(i = 0; i < 10; i++)
        printf("%d ", a[i]);
    printf("\n");
    return 0;
}
```

运行结果:

```
原始数组: 5 2 8 1 3
排序后数组: 1 2 3 5 8
原始字符串: Hello, world!
反转后字符串: !dlrow ,olleH
```

程序说明: 本例用于演示三种基本的排序算法。首先,定义了一个包含10个整数的数组,并打印出排序前的数组内容。然后,通过调用相应的排序函数(在此例中仅调用了选择排序函数),对数组进行排序。排序完成后,程序再次打印出排序后的数组内容,以便观察排序效果。可以通过注释或取消注释不同的排序函数调用,来观察不同排序算法对同一数组进行排序的效果。

在排序函数的实现中,使用了指针来直接操作数组元素,这种方式可以避免数组元素的复

制，提高程序的执行效率。同时，每种排序算法都使用了双重循环来实现，外层循环遍历数组的每个位置，内层循环则进行相应的比较和交换操作。

习 题 六

一、选择题。

1. 下列关于指针的描述中，正确的是（　　）。
   A. 指针存储的是变量的值　　　　　　B. 指针指向的是其他指针
   C. 指针存储的是变量的地址　　　　　D. 指针存储的是变量的名称
2. 下列操作符用于获取变量地址的是（　　）。
   A. &　　　　　B. *　　　　　C. ->　　　　　D. ::
3. 在 C 语言中，指针是（　　）类型的变量。
   A. 基本数据类型　　　　　　　　　　B. 复合数据类型
   C. 特殊数据类型　　　　　　　　　　D. 不属于任何数据类型
4. 如果有一个整型变量 num，它的地址是 0x7fff5fbff9b8，那么指向该变量的指针应该是（　　）。
   A. int *ptr = 0x7fff5fbff9b8;　　　　B. int *ptr = #
   C. int ptr = #　　　　　　　　D. int ptr = 0x7fff5fbff9b8;
5. 已有声明 "x = 0, *p = &x;" 以下语句中有语法错误的是（　　）。
   A. printf("%d", *x);　　　　　　　　B. printf("%d", &x);
   C. printf("%d", *p);　　　　　　　　D. printf("%d", x);
6. 已有声明 static char *str = "Hello";，则执行 puts(str + 2);时输出结果是（　　）。
   A. Hello　　　　B. llo　　　　C. lo　　　　D. o
7. 若有声明 int x[10] = {0, 1, 2, 3, 4, 5, 6, 7, 8, 9};则值不为 4 的表达式是（　　）。
   A. p = x, *(p + 4)　　　　　　　　　B. p = x+4, *p++
   C. p = x+3, *(p++)　　　　　　　　D. p = x+3, *++p
8. 已有声明 int arr[5];，以下表达式中不能正确取得指针的是（　　）。
   A. &arr[1]　　　B. ++arr　　　C. &arr[0] + 1　　　D. arr + 1
9. 以下单目运算符均只需要一个操作数，其中要求操作数的类型只能是指针型的是（　　）。
   A. &　　　　　B. ++　　　　　C. !　　　　　D. *
10. 如有语句 int x, y = 0, z, *ptr[3]; ptr[0] = &x; ptr[1] = &y; ptr[2] = &z;，代码中有语法错误的是（　　）。
    A. y++　　　B. (*ptr[0])++　　　C. (**(ptr + 1))++　　　D. ptr++

二、填空题

1. &既可以用做单目运算符也可以用做双目运算符，其中用做单目运算符时表示的功能是_____。

2. 若有声明 char str[] = "Hello"; char *ptr = str;，则执行语句 printf("%c", *(ptr + 3));后输出结果是_____。

3. 指针是一个特殊的变量，它里面存储的数值被解释为_____。

4. 如果一个表达式的运算结果是指针，这个表达式称为_____。

5. 若有声明 int arr[5] = {10, 20, 30, 40, 50}; int *ptr = arr;，执行语句 printf("%d", *(ptr + 2));后输出结果是_____。

6. 使用_____和!=可以比较指针值的大小。

7. 利用_____，可以代替函数名，实现了把函数作为函数的参数。

8. 设有以下语句：

```
int a[3][2] = {1, 2, 3, 4, 5, 6}, (*p)[2];
p = a;
```

则*(*(p + 2) + 1)的值为_____。

9. 使用 malloc()函数动态分配内存时，需要指定要分配的内存空间的_____。

10. realloc()函数可以重新调整已分配内存的大小，如果新的内存大小比原来的小，可能会导致原来的数据_____。

三、编程题

1. 请编写一个 C 语言程序，实现查找数组中最大值和最小值的功能，并使用指针来完成查找操作。

2. 请编写一个 C 语言程序，实现将一个整数数组中的所有元素翻转。

第 7 章 结构体、共用体与枚举类型

　　C 语言中，相同的数据类型数据用数组存储，而不同的数据类型数据需要使用结构体数据类型进行存储。共用体数据类型是将不同的数据类型数据存储在相同的内存单元。枚举类型是 C 语言中一种特殊数据类型，用于存储一些固定长度和固定数值的数据。

 ## 7.1 结构体的概念和定义

　　结构体是将不同的数据类型且相关的数据存储在一起的数据类型，它由若干个数据成员组成。其中每一个数据成员的数据类型可以为 C 语言中的基本数据类型，也可以是构造的结构体类型、指针类型等。

　　结构体的定义如下：

```
struct 结构体名
{
    类型名 成员名1;
    类型名 成员名2;
    ……
    类型名 成员名n;
};
```

　　说明：

　　①结构体的定义是由关键字 struct 和结构体名组成，其中结构体名由用户根据需要自行定义，命名需满足 C 语言标识符命名规则。

　　②花括号中的内容为结构体所包括的数据成员。数据成员可以有多个，每一个数据成员的数据类型可以是 C 语言中的基本类型，也可以是构造的除自身以外的结构体类型、指针类型等。成员名也需满足 C 语言标识符命名规则，且成员名可以与程序中其他变量同名，互不干扰。

　　③结构体的定义只是定义了一个结构体型，相当于"设计图"，告诉系统该结构体数据类型由哪些类型的数据成员构成。

　　④结构体的定义在 C 语言中为一条语句，因此花括号后面的分号是必不可少的。

　　例 7.1　定义一个包含学号、姓名、年龄、体重、C 语言成绩的学生数据。

程序代码：

```
struct student
{
    int id;                 //学号
    char name[25];          //姓名
    int age;                //年龄
    float weight;           //体重
    int grade;              //C语言分数
};
```

例7.2 定义一个包含出生日期、学号、姓名、年龄、体重、C语言成绩的学生数据。

程序代码：

```
struct date                 //定义一个结构体类型 struct date
{
    int year;               //出生年份
    int month;              //出生月份
    int day;                //出生日
};
struct student              //定义一个结构体类型 struct student
{
    struct date birthday;   //出生日期birthday 结构体类型数据
    int id;                 //学号
    char name[25];          //姓名
    int age;                //年龄
    float weight;           //体重
    int grade;              //C语言分数
};
```

 ## 7.2 结构体的声明和使用

1. 结构体类型变量的定义

上节已经介绍结构体数据类型的定义，但它相当一个设计图，并没有创建出对应数据类型的变量，也没有具体的数据，系统对它也不分配存储单元。因此定义结构体数据类型后，还需要定义结构体变量，才能使其在程序中能够使用结构体类型的数据。结构体变量与其他变量一样，必须先定义再使用，定义结构体变量的方法有以下三种方法：

（1）先声明结构体类型，再定义结构体变量，如：

```
struct student
{
    int id;                                 //学号
    char name[25];                          //姓名
    int age;                                //年龄
    float weight;                           //体重
    int grade;                              //C语言分数
};
struct student student1,student2;           //定义结构体类型 struct student 的变量
                                            //  student1,student2
```

该方法与定义其他类型的变量形式(如 int a,b;)相似。上面定义的 student1 和 student2 为 struct student 类型的变量，具有 struct student 类型的结构。这种方法将数据类型的定义和变量的定义进行分离，在定义类型后可以通过类型随时定义变量，比较灵活。

定义结构体变量后，系统会根据结构体中包含的成员数据类型为之分配相应的内存。如上述的 student1 和 student2 变量的类型数据占 41 字节(4+25+4+4+4=41)。

（2）声明结构体数据类型的同时定义结构体变量，例如：

```
struct student
{
    int id;                 //学号
    char name[25];          //姓名
    int age;                //年龄
    float weight;           //体重
    int grade;              //C 语言分数
}student1,student2;         //定义结构体类型 struct student 的变量 student1,student2
```

该方法的一般形式如下：

```
struct 结构体名
{
    成员表
} 变量表;                   //定义结构体变量
```

该方法定义结构体变量比较直观，但是由于类型与变量定义放在一起，不利用对程序的维护，一般不采用该方式定义。

（3）直接定义结构体类型变量，例如：

```
struct
{
    int id;                 //学号
    char name[25];          //姓名
    int age;                //年龄
    float weight;           //体重
    int grade;              //C 语言分数
}student1,student2;         //定义结构体类型 struct student 的变量 student1,student2
```

该方法的一般形式如下：

```
struct
{
    成员表
} 变量表;      //定义结构体变量
```

该方法在定义结构体变量种省去了结构体名，因此不能再利用此结构体类型定义其他变量。如需定义此类型数据需将定义过程重写一遍。

说明：

①结构体类型与结构体变量是不同的概念。只能对结构体变量赋值、存取或运算，而不能对一个结构体类型赋值、存取或运算。在编译时，对结构体类型时不分配空间，只对变量分配空间。

②结构体类型中的成员名可以与程序中的变量名相同，但不代表同一对象。

③对结构体变量中的成员，可以单独使用，与普通变量的作用与地位一致。

2. 结构体变量的初始化

结构体类型变量与其他类型变量一样，可以在定义结构体变量的同时对其进行初始化。初始化赋值的一般操作是在定义变量的后面加上"={初值表列};"，在花括号中分别列出结构变量中的各成员的初始值，初始值之间用逗号隔开。

例7.3 初始结构体变量。

分析：在 C 语言中，结构体是一种复合数据类型，允许用户将不同类型的数据组合成一个单独的类型。本例中定义了一个名为 student 的结构体类型，包含学号（id）、姓名（name）、年龄（age）和体重（weight）四个成员。接着，声明了结构体变量 student1 并在声明的同时对其进行了初始化，即给结构体变量的每个成员赋初值。最后，使用 printf()函数输出了 student1 的各个成员变量的值。

程序代码：

```
#include<stdio.h>
int main()
{
    struct student              //结构体类型
    {
        int id;                 //学号
        char name[25];          //姓名
        int age;                //年龄
        float weight;           //体重
    }student1 = {20241001,"张三",18,45.5};
    //定义结构体类型 struct student 的变量 student1 同时对其进行初始化
    printf("学号为: %d\n姓名为: %s\n年龄为: %d\n体重为: %.2fkg\n", student1.id,
    student1.name, student1.age, student1.weight);
}
```

运行结果：

```
学号为: 20241001
姓名为: 张三
年龄为: 18
体重为: 45.50kg
```

程序说明：以上程序在 main()函数中声明了一个结构体名为 student 的结构体类型，有 4 个成员。在声明结构体类型的同时定义结构体变量 student1，该变量具有 struct student 类型声明的结构成员，并在定义的同时进行初始化。在变量名 student1 后面的花括号中提供了各成员的值，将 20241001，"张三"，18，45.5 按顺序分别赋给 student1 变量的成员 id，name 数组，age，weight。最后用 printf()函数输出变量中各成员的值。student1.id 表示 student1 中的 id 成员，同理其他分别表示其对应的成员。

说明：

① 对结构体变量初始化时，需要按照其成员出现的顺序对每个成员依次赋值，不能跳过前面的成员给后面的成员进行赋值，例如，将上面的 student1 初始化改写为下面的顺序赋值就是错误用法：

```
student1 = {20241001,18,"张三",45.5};
```

② 不能在结构体内部给成员赋值，例如，以下用法为错误用法：

```
struct student                              //结构体类型
{
    int id=20241001;                        //学号
    char name[25] = "张三";                 //姓名
    int age = 18;                           //年龄
    float weight = 45.5;                    //体重
};
```

3. 结构体变量的引用

定义了结构体类型变量之后,就可以引用该变量了,但是它不能直接进行输入输出,而只能间接进行输入输出,即只能引用结构变量成员。结构体变量的成员与普通变量一样可以参加各种运算,对结构变量的赋值、存取、运算都是通过引用其成员进行的。引用结构变量成员的方式为:

```
结构体变量名.成员名
```

例如,student1.id 表示 student1 变量中的 id 成员,即 student1 的 id(学号)成员。在程序中可以对变量的成员赋值、存取、运算等,例如:

```
student1.id=20241001;
```

"."是成员运算符,它的运算优先级在所有运算符中最高,结合方式是从左到右,因此可以把 student1.id 作为一个整体看待,相当于一个变量。例如,表达式"student1.age++"相当于"(student1.age)++"。

> **!注意:**
> ①不能通过结构体变量名输出所有成员的值。如下面是错误用法:
> ```
> printf("%s\n",student1);         //利用结构体变量名输出所有成员的值
> ```
> ②可以引用结构体变量成员的地址,也可以引用结构体变量的地址。例如:
> ```
> scanf("%d",&student1.id)         //输入 student1.id 的值
> printf("%o\n",&student1);        //输出首地址
> ```
> ③访问结构体中的数组成员也是通过逐一引用数组元素实现,例如:
> ```
> student1.name[0] = 'a'.
> ```
> ④相同类型的结构体变量之间可以整体赋值,但不能进行关系运算。

例7.4 输入两个学生的学号、姓名和成绩,输出成绩较高的学生的学号、姓名和成绩。

分析:根据题目要求,需要定义一个结构体 student,包含学号(id)、姓名(name)和成绩(score)三个成员。创建两个 student 类型的结构体变量 student1 和 student2。使用 scanf()函数从用户处输入这两个学生的学号、姓名和成绩。通过比较两个学生的成绩,使用 if...else 语句判断哪个学生的成绩更好,并输出相关信息。如果两个学生的成绩相同,则输出两个学生的信息。

程序代码:

```
#include<stdio.h>
int main()
{
struct student                              //声明结构体类型 struct student
{
    int id;                                 //学号
```

```
        char name[25];              //姓名
        float score;                //分数
};
struct student student1, student2;   //定义两个结构体变量student1, student2
printf("请输入两位学生对应的学号、姓名及分数\n");           //输出提示
scanf("%d%s%f",&student1.id, &student1.name, &student1.score);  //输入学生1的相关信息
scanf("%d%s%f", &student2.id, &student2.name, &student2.score); //输入学生2的相关信息
printf("成绩较好为: \n");
if(student1.score> student2.score)
{
    printf("%d  %s  %6.2f", student1.id, student1.name, student1.score);
}
else if(student1.score < student2.score)
{
    printf("%d  %s  %6.2f", student2.id, student2.name, student2.score);
}
else
{
    printf("%d  %s  %6.2f", student1.id, student1.name, student1.score);
    printf("%d  %s  %6.2f", student2.id, student2.name, student2.score);
}
return 0;
}
```

运行结果：

```
请输入两位学生对应的学号、姓名及分数
20241001 张三 95
20241002 李四 98
成绩较好为:
20241002 李四 98.00
```

程序说明：程序首先定义了一个名为 student 的结构体类型，用于存储学生的学号、姓名和成绩。然后声明了两个 student 类型的变量 student1 和 student2，用于存储两位学生的信息。通过 scanf()函数获取用户输入的学生信息，并将其分别存储在 student1 和 student2 中。之后，程序使用 if...else 语句比较两个学生的成绩。如果 student1 的成绩高于 student2，则输出 student1 的信息；如果 student1 的成绩低于 student2，则输出 student2 的信息；如果两者成绩相同，则输出两位学生的信息，并提示用户两位学生成绩相同。

4．结构体数组

当需要定义多个相同的数据时，可以使用数组，如定义 10 个整型变量。当需要定义相同的多个结构体变量时，同样也可以使用数组，如定义 10 个结构体变量，这时的数组叫结构体数组。结构体数组与普通数组的区别在于：数组中的每个元素都是根据要求定义的结构体类型，而不是基本的数据类型。

1）结构体数组的定义

结构体数组的定义与结构体变量的定义类似，也有三种方式。

①先声明结构体类型，再定义结构体数组，格式如下：

```
struct 结构体名
```

```
{
    成员表列;
};
struct 结构体名 数组名[元素个数];
```

②声明结构类型的同时定义结构数组，格式如下：

```
struct 结构体名
{
    成员表列;
}结构体名 数组名[元素个数];
```

③直接定义结构数组，格式如下：

```
struct
{
    成员表列;
}结构体名 数组名[元素个数];
```

例7.5 结构体数组的定义。

程序代码：

```
struct student                          //结构体类型
{
    int id;                             //学号
    char name[25];                      //姓名
    int age;                            //年龄
    float weight;                       //体重
};
struct student student1[5];
/*定义一个结构体数组student1，共有5个元素，每个元素都是struct student结构体类型*/
```

2）结构体数组的初始化

结构体数组的初始化的一般形式如下：

```
struct 结构体名 数组名[元素个数]={初值表列};
```

例如：

```
struct student student1[5] =
{
    20241001,"张三",18,45.5,
    20241002,"李四",18,46,
    20241003,"王五",18,45,
    20241004,"李华",18,47,
    20241005,"小美",18,48
};
```

说明：

①对结构体数组进行初始化时，需要遵循数组初始化的规律，可对其中部分进行数组元素进行初始化，但是需要其元素中的每个成员都要进行初始化。例如，下面的初始化都是错误的：

```
struct student student1[5] =
{
    20241001,"张三",18,45.5,
    20241002,"李四",                    //跳过部分成员
```

```
        20241003,"王五",18,45,
        20241004,"李华",18,47,
        20241005,"小美",18,48
};
struct student student1[5] =
{
    20241001,"张三",18,45.5,
    ....                                //跳过部分数组元素
    20241005,"小美",18,48
};
```

②对结构体数组进行全部初始化，应注意初值的个数与结构体数组大小保持一致，且每个数组元素中的成员个数应该与声明的结构体的初值个数保持一致。最好用大括号将数组元素初值分别括起来，以便增加程序代码的可读性，例如：

```
struct student student1[5] =
{
    {20241001,"张三",18,45.5},
    {20241002,"李四",18,46},
    {20241003,"王五",18,45},
    {20241004,"李华",18,47},
    {20241005,"小美",18,48}
};
```

③与普通数组类似，对结构体数组的全部元素进行初始化时，可以省略数组的长度，系统会根据初始化数据的多少来确定数组的长度。例如：

```
struct student student1[] =
{   {20241001,"张三",18,45.5},
    {20241002,"李四",18,46},
    {20241003,"王五",18,45},
    {20241004,"李华",18,47},
    {20241005,"小美",18,48}
};
```

以上根据初值的个数可以确定结构体数组的 student1 的元素个数为 5，分别是 student1[0] ~ student1[4]。

3）结构体数组的引用

结构体数组的引用类似于普通数组元素的引用，结构体数组通过引用其元素的成员。结构体元素访问成员的方法与结构体变量成员访问方法类似，通过成员运算符"."来访问引用。同样也利用数组名以指针的形式访问结构体数组元素。访问方式有如下几种：

```
结构体数组名[索引].成员名              //1
*(结构体数组名+索引)).成员名           //2
(结构体数组名+索引)->成员名            //3
```

说明：由于运算符"."的运算优先级高于"*"，故方式 2 中的外层括号不能省略，否则会产生不必要的错误。

方式 3 中的"->"称为指向成员运算符，优先级与成员运算符"."相同，且结合方向均是从左到右。

例 7.6 现有 5 名学生的信息(包括学号、姓名、C 语言成绩)，要求按照 C 语言成绩的高低顺序输出各学生的信息。

例7.6

分析：根据题目要求，首先，需要定义一个结构体（struct）来表示学生信息，包括学号（int 类型）、姓名（char 数组）和 C 语言成绩（float 类型）。然后，需要创建一个该结构体的数组，并初始化这 5 名学生的信息。然后使用一种排序算法（如冒泡排序、选择排序、插入排序、快速排序等）对学生数组进行排序。由于题目要求按照成绩高低顺序输出，所以应该使用降序排序，输出排序后的结果。最后，遍历排序后的数组，并输出每个学生的信息。

程序代码：

```c
#include<stdio.h>
struct student                    //声明结构体类型 struct student
{
    int id;
    char name[25];
    float c_score;
};
int main()
{
    struct student stu[5] = { {20241001,"zs",80},{20241002,"ls",85},{20241003,"ww",75},
        {20241004,"pz",90},{20241005,"xl",100} };    //定义结构体数组并初始化
    struct student temp;          //定义结构体变量 temp，用于交换时的临时变量
    int i, j;
    printf("根据成绩排序后的学生信息如下: \n");
    for (i = 0; i < 5; i++)       //利用冒泡排序对C语言成绩进行高低排序
    {
        for (j = 0; j < 4 - i; j++)
        {
            if (stu[j].c_score < stu[j + 1].c_score)  //访问第j个数组元素的c_score成员
            {
                temp = stu[j];
                stu[j] = stu[j + 1];
                stu[j + 1] = temp;
            }
        }
    }
    for (i = 0; i < 5; i++)
    {
        printf("%6d%6s%8.2f\n", stu[i].id, stu[i].name, stu[i].c_score);
    }
    printf("\n");
    return 0;
}
```

运行结果：

```
根据成绩排序后的学生信息如下:
20241005    xl  100.00
20241004    pz   90.00
20241002    ls   85.00
20241001    zs   80.00
20241003    ww   75.00
```

程序说明：程序首先定义了一个结构体 student，用于存储学生的信息。然后定义了一个包含 5 个 student 结构体的数组 stu，并在定义时进行了初始化。接着，程序使用冒泡排序算法对数组 stu 中的元素进行排序。在排序过程中，如果当前学生的成绩小于下一个学生的成绩，则交换这两个学生的位置。最后，程序使用一个循环遍历排序后的数组，并输出每个学生的信息。输出的信息包括学生的学号、姓名和 C 语言成绩，且每个字段都按照一定的格式进行了对齐。

5．结构体指针

结构体指针是一个指向结构体变量的指针，它指向的是结构体变量的起始地址。指针变量也可以指向结构体数组以及数组中的元素。

结构体指针变量的类型必须与结构体变量的类型相同，因此定义结构体指针变量的一般形式为

```
结构体类型 *指针变量名;
```

定义一个指向 struct student 结构体类型的 p 指针变量，例如：

```
struct student *p;
```

结构体指针也需要先赋值后使用，即将指向的结构体变量的首地址赋值给结构体指针，因此可以使用结构体指针来访问结构体成员。方式有如下两种：

1）使用成员运算符"."

```
(*结构体指针变量名).成员名
```

例如：p 指针指向 student1 结构体变量，可以采用以下的方式引用其中的成员：

```
(*p).id=20241006;
```

> **注意**：由于成员运算符"."的优先级最高，因此*p 需放在括号内，如果不使用括号，执行顺序为先执行成员运算符"."，再执行"*"运算。

例7.7 使用结构体指针。

分析：本例程序将展示如何在 C 语言中使用结构体指针来访问结构体的成员。

程序代码：

```c
#include<stdio.h>
int main()
{
    struct student                //定义结构体类型 struct student
    {
        int id;                   //学号
        char name[25];            //姓名
        float score;              //分数
    };
    struct student student1 = {20241001, "张三", 95};
    //定义结构体变量 student1 并进行初始化
    struct student *p = &student1;
    printf("学号为:%d 姓名为:%s 分数为:%.2f\n",(*p).id,(*p).name,(*p).score);
                                  //利用结构体指针访问成员
    return 0;
}
```

运行结果：

学号为:20241001 姓名为:张三 分数为:95.00

程序说明： 程序使用 struct 关键字定义了一个名为 student 的结构体类型，该类型包含三个成员变量：id、name 和 score。定义了一个 student 类型的结构体变量 student1，并使用初始化列表对其进行了初始化。定义了一个指向 student 类型结构体的指针 p，并使用取地址操作符&将 student1 的地址赋给 p。通过结构体指针 p 来访问结构体 student1 的成员。这里使用了(*p).成员名的语法来访问结构体成员。注意，*p 表示解引用指针 p，即获取指针 p 所指向的结构体变量的值，然后通过"."操作符来访问该结构体的成员。最后通过 printf()函数打印出结构体成员的值。

2）使用指向运算"->"

结构体指针变量名->成员名

例如：使用指向运算符引用 id 成员：

p->id=20241006;

说明：

① "结构体变量名.成员名"，"(*结构体指针变量名).成员名"，"结构体指针变量名->成员名"三种访问结构变量的成员形式等价。

②使用指向运算符"->"引用成员时，应注意自增、自减运算符的应用。例如：

p->id：表示指向结构体变量中的成员 id 的值。

p->id++：表示指向结构体变量中的成员 id 的值，使用该值后加 1。

++p->id：等价于++(p->id)，表示指向结构体变量中的成员 id 的值加 1，计算后再使用。

(++p)->id：表示指针变量 p 自加 1，然后得到它指向结构体变量中的成员 id 的值。

(p++)->id：表示先得到指针变量 p 指向的成员 id 的值，然后使 p 自加 1。

例7.8 使用结构体指针访问。

分析： 本例程序将展示如何在 C 语言中使用结构体指针三种方式来访问结构体的成员。

程序代码：

```
#include<stdio.h>
#include<string.h>
int main()
{
    struct student                    //定义结构体类型 struct student
    {
        int id;                       //学号
        char name[25];                //姓名
        float score;                  //分数
    };
    struct student student1;          //定义结构体变量 student1
    student1.id = 20241001;           //对结构体变量成员赋值
    strcpy(student1.name,"张三");
    student1.score = 95;
    struct student* p = &student1;
    printf("结构体变量名访问: ");
```

```
        printf("学号为:%d 姓名为:%s 分数为:%.2f\n", student1.id, student1.name,
        student1.score);        //利用结构体变量名访问成员
        printf("成员运算符访问: ");
        printf("学号为:%d 姓名为:%s 分数为:%.2f\n", (*p).id, (*p).name, (*p).score);
                                //利用结构体指针访问成员
        printf("指向运算符访问: ");
        printf("学号为:%d 姓名为:%s 分数为:%.2f\n", p->id, p->name,
        p->score);              //利用指向运算符访问成员
        return 0;
}
```

运行结果：

```
结构体变量名访问: 学号为:20241001 姓名为:张三 分数为:95.00
成员运算符访问: 学号为:20241001 姓名为:张三 分数为:95.00
指向运算符访问: 学号为:20241001 姓名为:张三 分数为:95.00
```

程序说明：首先程序定义了一个名为 student 的结构体类型，该结构体类型包含了学号、姓名和分数三个成员。定义了一个 student 类型的结构体变量 student1，并使用结构体变量名直接对其成员进行了赋值。对于字符串类型的 name 成员，使用了 strcpy() 函数进行赋值。定义了一个指向 student 类型的指针 p，并将 student1 的地址赋值给 p。结构体变量名访问：直接使用结构体变量名 student1 和 "." 运算符来访问其成员。成员运算符访问：首先通过*p 对指针 p 进行解引用，获取其所指向的结构体变量，然后使用 "." 运算符访问结构体成员。指向运算符访问：直接使用 p 和 "->" 运算符来访问结构体成员。这是 C 语言中访问结构体指针指向的成员的一种快捷方式。从程序的运行结果可以看出，采用不同的访问成员的方式，程序输出同样的内容，因此这三种访问成员的方式是等价的。

6．指向结构体数组的指针

结构体指针变量指向结构体数组的时，指针变量的值就是结构体数组的首地址。同样也能指向结构体数组中的元素，此时指针变量的值就是该结构体数组元素的首地址。

例7.9 有 5 名学生的信息，存放在结构体数组中，要求输出全部学生的信息。

分析：首先，我们需要定义一个结构体来表示学生的信息。这个结构体可能包含学生的学号、姓名、成绩等字段。接着，我们定义一个结构体数组来存储 5 名学生的信息。这个数组的大小应该为 5，因为我们需要存储 5 名学生的信息。在定义了结构体数组之后，我们需要对数组中的每个元素（即每个学生的信息）进行初始化。这可以通过在声明数组时直接初始化，或者通过后续的赋值语句来完成。最后，我们需要编写代码来遍历结构体数组，并输出每个学生的信息。这可以通过使用循环（如 for 循环）和 printf() 函数来实现。

程序代码：

```
#include<stdio.h>
struct student                          //声明结构体类型 struct student
{
  int id;
  char name[25];
  char sex;
  int age;
};
int main()
```

```
{
   struct student stu[5] =
   { {20241001,"zs",'M',18},{20241002,"ls",'F',19},{20241003,"ww",'M',18},
     {20241004,"pz",'M',20},{20241005,"xl",'F',19}};  //定义结构体数组并初始化
   struct student* p;                    //定义指向struct student结构体变量的指针
   int i;
   p = stu;                              //指针变量指向数组
   printf("学号      姓名   性别   年龄\n");
   for (i = 0; i < 5; i++,p++)
   {
      printf("%6d%6s%6c%6d\n", p->id,p->name,p->sex,p->age);
   }
   printf("\n");
   return 0;
}
```

运行结果：

学号	姓名	性别	年龄
20241001	zs	M	18
20241002	ls	F	19
20241003	ww	M	18
20241004	pz	M	20
20241005	xl	F	19

程序说明：首先，我们定义了一个名为student的结构体，它包含四个字段：学号（id）、姓名（name）、性别（sex）和年龄（age）。在main()函数中，我们定义了一个名为stu的student结构体数组，并初始化了5名学生的信息。声明了一个指向student结构体类型的指针p，并将其初始化为指向stu数组的第一个元素。使用printf()函数打印表头，说明将要输出的信息内容。使用for循环遍历结构体数组。在每次循环中，我们使用指针p来访问当前学生的信息，并使用printf()函数打印这些信息。

7．结构体在函数中的使用

将一个结构体变量作为一个参数传递给一个函数，进行对函数的调用。形式有3种：结构体变量作为函数参数；结构体指针作为函数参数；结构体成员作为函数参数。

（1）结构体变量作为函数参数。

用结构体变量作为函数实参时，采取的是"值传递"方式，将结构体变量所占的内存单元内容按顺序传递给形参，形参也必须是同类型的结构体变量。例如：

```
viod average (struct student stu);
```

进行函数调用时，形参同样也需要内存单元，因此这种传递方式在空间和时间上的开销都比较大。又由于采用值传递的方式，如果在执行被调用函数期间改变了形参的值，该值不能返回主调函数。

例7.10 求语文、数学、英语三门课程的平均分。

分析：题目要求编写一个程序，将使用结构体来存储学生的姓名和三门课程的成绩（语文、数学、英语），并计算这三门课程的平均分。首先应定义一个结构体student来存储学生的信息，然后创建一个student类型的变量stu并初始化其成员。接着，定义一个函数average()来计算并输出学生的姓名和平均分。最后，调用average()函数进行打印输出平均成绩。

第7章 结构体、共用体与枚举类型

程序代码：

```c
#include<stdio.h>
struct student                                //声明结构体类型 struct student
{
    char name[25];
    float score[3];
};
struct student stu = {"zs",95,98,100};        //定义结构体数组并初始化
void average(struct student stu)              //定义average()函数，形参为结构体变量
{
    printf("-----信息如下-----\n");
    printf("姓名:%s\n",stu.name);
    printf("语文:%.2f\n",stu.score[0]);
    printf("数学:%.2f\n", stu.score[1]);
    printf("英语:%.2f\n", stu.score[2]);
    printf("平均分:%.2f\n", (stu.score[0]+ stu.score[1]+ stu.score[2])/3);
                                              //计算平均分
}
int main()
{
    average(stu);
    return 0;
}
```

运行结果：

```
-----信息如下-----
姓名:zs
语文:95.00
数学:98.00
英语:100.00
平均分:97.67
```

程序说明：程序首先定义了一个名为student的结构体，包含了一个char类型的数组name用于存储学生的姓名，和一个float类型的数组score用于存储三门课程的成绩。在全局作用域中定义了一个student类型的变量stu，并初始化了其name和score数组。定义了一个名为average()的函数，该函数接受一个student类型的参数stu（注意，这里是值传递，不是地址传递），并在函数内部使用printf()函数输出了学生的姓名和三门课程的成绩，并计算了平均分。在计算平均分时，由于涉及到浮点数运算。在main()函数中，调用了average()函数，并将stu变量作为参数传递。

（2）用指向结构体变量的指针作实参，将结构体变量的地址传给形参。例如：

```c
viod average (struct student *stu);
```

例7.11 修改例7.10中的数学成绩。

分析：在上例的基础上通过指针变量访问成员方式进行对数学成绩进行修改。

程序代码：

```c
#include<stdio.h>
struct student                                //声明结构体类型 struct student
{
```

```
        char name[25];
        float score[3];
};
struct student stu = { "zs",95,98,100 };    //定义结构体数组并初始化
void average(struct student stu)            //定义average()函数,形参为结构体变量
{
        printf("-----信息如下-----\n");
        printf("姓名:%s\n", stu -> name);
        printf("数学:%.2f\n", stu -> score[1]);
        stu->score[1] = 97;                 //通过指针变量访问成员方式修改成绩
}
int main()
{
        average(stu);
        printf("修改后的数学:%.2f\n", p->score[1]);
        return 0;
}
```

运行结果:

```
-----信息如下-----
姓名:zs
数学:98.00
修改后的数学:97.00
```

程序说明:通过指针变量访问成员方式"stu->score[1] = 97;"修改成绩。

(3) 结构体变量成员作函数参数。

如 stu.name 作函数参数,将实参值传给形参。用法和普通变量作实参是一样的,属于"值传递"方式。应注意实参与形参类型保持一致。例如:

```
average (stu.name);
```

 ## 7.3 共用体的概念和定义

共用体,也被称为联合体,是一种用户自定义的构造数据类型,它允许多个不同类型的变量共享同一块内存区域。这意味着,在计算机的内存中,我们为这些变量分配一个特定的、连续的内存空间。这个内存空间不是固定用于某一种数据类型的,而是可以灵活地存储各种不同类型的数据。

1. 共用体的定义

定义共用体的一般形式如下:

```
union 共用体名
{
    类型名 成员变量名1;
    类型名 成员变量名2;
    ……
    类型名 成员变量名 n;
};
```

> **注意**：与结构体一样，"union 共用体名"共同构成共用体类型，关键字 union 为共用体类型标志，且花括号后面的分号不可省略。例如：
> ```
> union data                //声明一个 union data 共用体类型
> {
>     int a;                //表示不同的类型变量a,b,c可以存放在同一个存储单元中
>     char b;
>     float c;
> };
> ```

> **注意**：三个成员共享同一段内存空间，指的是将多个成员都从同一个地址开始保存，某个时刻只有一个成员有效。每次对共用体变量的一个成员赋值，即会覆盖之前对其他任何成员的值。

2．共用体变量

与结构体变量一样，声明了共用体类型后就能定义和使用共用体变量，定义共用体变量的方法也有三种。

（1）先声明共用体类型，然后再定义共用体变量，例如：

```
union data                //声明一个 union data 共用体类型
{
    int a;                //表示不同的类型变量a,b,c可以存放在同一个存储单元中
    char b;
    float c;
};
union data data1;         //用 union data 共用体类型定义 data1 变量
```

（2）声明共用体类型的同时定义共用体变量，例如：

```
union data                //声明一个 union data 共用体类型
{
    int a;                //表示不同的类型变量a,b,c可以存放在同一个存储单元中
    char b;
    float c;
}data1;                   //声明类型的同时定义变量
```

（3）直接定义共用体变量，例如：

```
union                     //没有定义共用体类型名
{
    int a;                //表示不同的类型变量a,b,c可以存放在同一个存储单元中
    char b;
    float c;
}data1;                   //声明类型的同时定义变量
```

> **注意**：与结构体变量不同，共用体变量所占的内存长度等于最长的成员的长度。例如，上面定义的共用体变量 data1 就是 4 字节（一个 float 型变量占 4 字节），而不是与结构体变量一样相加占 4+1+4=9 字节。

3．共用体变量的引用

将共用体变量定义完成后，就能引用其数据成员，同样也是利用成员运算符"."引用，其方式为

共用体成员名.成员名

例如，data1.a;表示引用共用体变量中的整型变量 a。

> ①注意：不能引用共用体变量，只能引用共用体成员。如下面的引用是错误的：
> printf("%d",data1);

4．共用体数据类型的特点

使用共用体数据类型数据应注意以下特点：

①同一内存虽然可用来存放不同类型的成员，但每次只能存放一种类型，而不能同时存放所有类型。因此，共用体中一次只有一个成员能够起作用，其他成员没有作用。

②共用体变量中，起作用的成员是最后一次被赋值的成员，也就是说，对共用体变量中的一个成员赋值后，原来的成员值就被替代。

③共用体变量的地址与它的各成员的地址是同一个。

④对共用体变量初始化时，只能对其一个成员进行初始化。

⑤不能对共用体变量名赋值，也不能引用变量名来得到一个值。

例7.12 现有 N 个人的信息需要进行输出处理，其中 N 个人分为学生和老师两类人，共同的信息为：姓名和性别，职业为老师的则登记单位，职业为学生则登记班级。

分析：题目要求设计一个程序，用于处理学生和老师两类人的信息。这两类人共有姓名、性别和职业三个属性，但职业不同时，他们的附加信息也不同：学生有班级，老师有单位。为了节省存储空间，我们可以使用共用体（union）来存储这些信息，因为共用体中的成员在内存中占用同一块空间，每次只能存储一个成员的值。

程序代码：

```c
#include<stdio.h>
#define N 2
struct information                    //声明一个 struct information 结构体类型
{
    char name[25];                    //成员 name(姓名)
    char sex;                         //成员 sex(性别)
    char job;                         //成员 job(职业)
union occupation                      //声明一个 union occupation 共用体类型
{
    int class;                        //成员 class(班级)
    char group[20];                   //成员 group(单位)
}category;                            //成员 category 是共用体变量
};
int main()
{
    struct information person[2];     //定义结构体数组 person,有两个元素
    int i;
    for ( i = 0; i < N; i++)
    {
        printf("请输入个人信息:\n");
        scanf("%s %c %c",&person[i].name, &person[i].sex, &person[i].job);
        //输入对应的前三项信息
        if (person[i].job == 's')     //如果是学生，输入班级(s 表示学生)
```

```
                {
                    scanf("%d", &person[i].category.class);
                }
                else if (person[i].job == 't')    //如果是老师，输入单位(t表示老师)
                {
                    scanf("%s", &person[i].category.group);
                }
                else
                    printf("输入有误，输入 s 表示学生，输入 t 表示老师，请重新输入");
        }
        printf("姓名\t性别\t职业\t单位/班级\n");
        for ( i = 0; i < N; i++)
        {
            if (person[i].job == 's')        //如果是学生，输出学生对应的信息
            {
                printf("%-8s%c\t%c\t%d\n",person[i].name, person[i].sex,
                person[i].job, person[i].category.class);
            }
            if (person[i].job == 't')        //如果是学生，输出老师对应的信息
            {
                printf("%-8s%c\t%c\t%s\n", person[i].name, person[i].sex,
                person[i].job, person[i].category.group );
            }
        }
}
```

运行结果：

```
请输入个人信息：
zs M s 150
请输入个人信息：
xm F t computer
姓名     性别     职业     单位/班级
zs       M        s        150
xm       F        t        computer
```

程序说明：首先程序声明了一个名为 information 的结构体，包含姓名（name）、性别（sex）和职业（job）三个成员。在该结构体内部，又声明了一个名为 occupation 的共用体，包含班级（class）和单位（group）两个成员。结构体中的 category 成员是 occupation 类型的共用体变量。在主函数中定义了一个 information 类型的数组 person，用于存储 N 个人的信息。通过循环，依次输入每个人的姓名、性别、职业和对应的附加信息（班级或单位）。判断职业类型（job 成员），如果是学生（'s'），则输入班级；如果是老师（'t'），则输入单位。如果输入的职业不是's'也不是't'，则提示输入有误。再次循环，输出每个人的信息。根据职业类型，选择输出班级或单位。

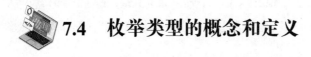

7.4 枚举类型的概念和定义

在生活应用中，有些变量的取值限制只有几种。如红绿灯的颜色，只有红、绿、黄三种颜

色；一周有 7 天；一年有 12 个月等。在 C 语言中，可以将这些有限个取值的变量定义为枚举类型。枚举类型是一种基本的数据类型。枚举是将变量的全部取值一一列出，变量只能在列举出来的值的范围内取值。

1．枚举类型的定义

枚举类型的定义一般形式如下：

```
enum 枚举名 {枚举值表列};
```

例如：

```
enum weekday {Monday,Tuesday,Wednesday,Thursday,Friday,Saturday,Sunday};
```

说明：

① "enum 枚举名"一起构成枚举类型，关键字"enum"是枚举类型的标志。

② 每个枚举值与一个整数相联系，依次为 0、1、2…。如上述的枚举类型 enum weekday 中，成员 Monday 为 0，Tuesday 为 1，Wednesday 为 2，Thursday 为 3，Friday 为 4，Saturday 为 5，Sunday 为 6。

③ 枚举值表列中的成员直接用逗号隔开。

④ 不能对枚举值表列中的数据成员进行赋值操作。如"Monday=1"是错误的，但在定义枚举类型时可以指定枚举成员的值。如"enum weekday{Monday=5,Tuesday=2,Wednesday,Thursday,Friday,Saturday,Sunday};"，则成员 Monday 的值为 9，Tuesday 的值为 2，Wednesday，Thursday,Friday,Saturday,Sunday 的值在前一个的基础上加 1，分别为 3，4，5，6，7。

⑤ 同一个程序中不能定义同名的枚举类型，不同的枚举类型中也不能存在同名的枚举成员。

2．枚举类型变量

与结构体类型变量、共用体类型变量一样，枚举类型变量也是在定义枚举类型之后就能使用其数据成员，定义方式也有三种：

（1）先定义枚举类型，然后定义枚举类型变量，例如：

```
enum weekday {Monday,Tuesday,Wednesday,Thursday,Friday,Saturday,Sunday};
enum weekday wkd;
```

（2）定义枚举类型的同时定义枚举类型变量，例如：

```
enum weekday {Monday,Tuesday,Wednesday,Thursday,Friday,Saturday,Sunday}wkd;
```

（3）直接定义枚举类型变量（没有枚举类型名），例如：

```
enum {Monday,Tuesday,Wednesday,Thursday,Friday,Saturday,Sunday}wkd;
```

说明：

① 枚举类型变量定义后可以对它进行赋枚举常量值或者对应的整数值，只能是枚举表列中的值，例如：

```
wkd=Monday;或 wkd=(enum weekday)0;
wkd=Wday;//由于定义枚举类型时表列值中没有 Wday 值，因此为错误的赋值语句。
```

② 因枚举常量对应整数值，因此枚举类型变量、常量以及常量对应的整数之间可以比大小，例如：

```
if(wkd == Monday){printf("Monday");}
if(wkd > Monday){printf("Tuesday");}
```

第7章 结构体、共用体与枚举类型

③枚举类型变量可以进行+、-等运算。

④枚举类型变量不能通过 scanf()或 gets()函数输入枚举常量，只能通过赋值取得枚举常量值。枚举类型变量可以通过 scanf("%d",&枚举变量);输入枚举常量对应的整数值。

⑤枚举类型变量和枚举常量可以用 printf("%d",…);输出对应的整数值，若想输出枚举值对应的字符串，则只能间接进行，例如：

```
Wkd=Monday;
if(wkd == Monday){printf("Monday");}
```

例7.13 选择一周中最喜欢的一天。

分析：题目要求编写一个程序，该程序会打印出一周中每天对应的数字（从1到7分别代表周一到周日），然后让用户输入一个数字来选择他们最喜欢的一周中的哪一天。程序将根据用户输入的数字输出相应的信息。将通过枚举类型变量来对应表示星期。

例 7.13

程序代码：

```c
#include<stdio.h>
enum weekday
{
    Monday = 1, Tuesday, Wednesday, Thursday, Friday, Saturday, Sunday
}wkd;
int main()
{
    int iwkd;
    printf("1 代表周一，2 代表周二，3 代表周三，4 代表周四，5 代表周五，6 代表周六，7 代表周日\n");
    printf("请输入你要选择的数字: ");
    scanf("%d",iwkd);
    switch (iwkd)
    {
        case Monday:
            printf("喜欢周一\n");
            break;
        case Tuesday:
            printf("喜欢周二\n");
            break;
        case Wednesday:
            printf("喜欢周三\n");
            break;
        case Thursday:
            printf("喜欢周四\n");
            break;
        case Friday:
            printf("喜欢周五\n");
            break;
        case Saturday:
            printf("喜欢周六\n");
            break;
        case Sunday:
            printf("喜欢周日\n");
```

```
                break;
            default:
                printf("输入的数字无效,请输入1到7之间的整数。\n");
                break;
        }
    return 0;
}
```

运行结果:

```
1代表周一,2代表周二,3代表周三,4代表周四,5代表周五,6代表周六,7代表周日
请输入你要选择的数字: 1
喜欢周一
```

程序说明: 代码首先定义了一个名为 weekday 的枚举类型,它包含了从 Monday 到 Sunday 的七个枚举常量,并给 Monday 赋值为 1,其余常量依次自动递增。这里虽然定义了一个枚举变量 wkd,但在后续代码中并未使用到它,因为它在 main() 函数外部,并且 main() 函数内部使用了一个整型变量 iwkd 来接收用户输入。主函数:在 main() 函数中,首先打印出了一周中每天对应的数字提示。接着,使用 scanf() 函数读取用户输入的数字并存储到整型变量 iwkd 中。witch 语句: 程序使用 switch 语句根据用户输入的数字(iwkd)进行分支处理。每个 case 分支对应一周中的一天,输出用户喜欢该天的信息。由于枚举常量已经被初始化为整数,所以这里实际上应该使用整数 1, 2, 3...作为 case 标签。default 分支用于处理输入不是 1 到 7 之间整数的情况。

7.5 typedef 关键字

C 语言可以使用 typedef 关键字声明新的类型名取代已有的数据类型名。数据类型可以为基本的数据类型(int、char、float、double 等)、数组类型、指针类型以及用户自定义的结构体、共用体、枚举类型等。

使用 typedef 定义类型说明符的格式为

```
typedef 数据类型名 别名;
```

例如:

```
typedef struct student
{
    int id;
    char name[25];
    int age;
    float cscore;
} STU;
```

新的类型名 STU 替代了结构体类型名 struct student,之后声明 struct student 结构体类型的变量可以直接使用 STU 作为结构体类型名,例如,STU s1,s2;其与 struct student s1,s2;声明一样。

```
typedef int INT;
```

指定 INT 来代表 int 类型,定义了 INT 之后,"int a;"和"INT a;"是等价的。

```
typedef int ARY[20];
```
定义 ARY 为整型数组类型，则 "ARY a,b;" 等价于 "int a[20],b[20];"。
```
typedef char *STRING;
```
定义 STRING 为字符指针类型，则 "STRING p,s[10];" 等价于 "char *p,*s[10];"。
```
typedef int(*POINTER)();
```
定义 POINTER 为指向函数的指针类型，该函数返回整型值。则 "POINTER p;" 等价于 "int (*p)();"

> **注意：**
> ①能够使用 typedef 声明各种类型名，但不能用来直接定义变量。
> ②使用 typedef 关键字不会产生新的数据类型，只是多了一个类型名别名。

例 7.14 我们将使用结构体变量、结构体数组和结构体指针相关知识完成编程统计在 2024 年 1 月 12 日—2024 年 1 月 13 日内返乡学生的信息，信息包括学生姓名、学号、联系方式，返乡时间，返乡地点，返乡方式。学生返乡名单见表 7-1。

例 7.14

表 7-1 学生返乡名单

姓 名	学 号	联系方式	返乡时间	返乡地点	返乡方式
李明轩	20241001	139XXXXX879	2024-01-12	惠州	打车
张晓蕾	20241002	137XXXXX621	2024-01-14	广州	动车
王志强	20241003	158XXXXX357	2024-01-12	珠海	大巴
刘思婷	20241004	179XXXXX352	2024-01-13	深圳	动车
陈浩然	20241005	178XXXXX666	2024-01-15	茂名	高铁

分析： 这个题目要求使用 C 语言的结构体变量、结构体数组和结构体指针来统计在特定日期（2024 年 1 月 12 日—2024 年 1 月 13 日）内返乡的学生信息。我们需要根据给定的学生返乡名单（表 7-1）来实现这个功能。首先，需要定义一个结构体来表示学生的返乡信息，这个结构体应该包含姓名、学号、联系方式、返乡时间（定义一个结构体其包括年、月、日）、返乡地点和返乡方式等字段。然后，需要创建一个结构体数组来存储所有学生的返乡信息。对于表 7-1 中的每一行，我们都应该创建一个新的结构体实例，并填充相应的数据。接下来，需要遍历这个结构体数组，检查每个学生的返乡时间是否落在指定的日期范围内（即 2024 年 1 月 12 日—2024 年 1 月 13 日）。这可以通过定义一个辅助函数来实现，该函数接受两个日期作为参数，并返回它们之间的比较结果。最后，对于落在指定日期范围内的学生，我们应该打印出他们的返乡信息。

程序代码：
```
#include <stdio.h>
#include <string.h>
//定义日期结构体
struct Date {
    int year;
    int month;
```

```c
    int day;
};
//定义学生返乡信息的结构体
struct StudentInfo {
    char name[20];
    char studentID[10];
    char contact[15];
    struct Date returnDate;
    char destination[20];
    char transportation[10];
};
//函数声明,用于比较两个日期
int compareDates(struct Date date1, struct Date date2);
int main() {
    //初始化学生返乡信息的结构体数组
    struct StudentInfo students[] = {
        {"李明轩", "20241001", "139XXXXX879", {2024, 1, 12}, "惠州", "打车"},
        {"张晓蕾", "20241002", "137XXXXX621", {2024, 1, 14}, "广州", "动车"},
        {"王志强", "20241003", "158XXXXX357", {2024, 1, 12}, "珠海", "大巴"},
        {"刘思婷", "20241004", "179XXXXX352", {2024, 1, 13}, "深圳", "动车"},
        {"陈浩然", "20241005", "178XXXXX666", {2024, 1, 15}, "茂名", "高铁"}
    };
    int numStudents = sizeof(students) / sizeof(struct StudentInfo);
    //定义日期范围
    struct Date startDate = { 2024, 1, 12 };
    struct Date endDate = { 2024, 1, 13 };
    //遍历结构体数组,查找在指定日期范围内返乡的学生
    printf("在指定日期范围内返乡的学生名单: \n");
    printf("姓名\t学号\t         联系方式\t返乡时间     返乡地点 返乡方式\n");
    for (int i = 0; i < numStudents; i++) {
        if (compareDates(students[i].returnDate, endDate) <= 0 &&
compareDates(students[i].returnDate, startDate) >= 0) {
            printf("%s\t%s\t%s\t%d-%02d-%02d\t%s\t%s\n",
                students[i].name,
                students[i].studentID,
                students[i].contact,
                students[i].returnDate.year,
                students[i].returnDate.month,
                students[i].returnDate.day,
                students[i].destination,
                students[i].transportation);
        }
    }

    return 0;
}
//函数定义,用于比较两个日期
int compareDates(struct Date date1, struct Date date2)
{
    if (date1.year < date2.year) return -1;
    if (date1.year > date2.year) return 1;
```

```
        if (date1.month < date2.month) return -1;
        if (date1.month > date2.month) return 1;
        if (date1.day < date2.day) return -1;
        if (date1.day > date2.day) return 1;
        return 0;
}
```

程序说明：通过分析需求，将学生返乡的信息和返乡日期都定义为结构体类型数据，然后通过定义一个日期比较函数，用来筛选指定日期范围。在主函数中，首先初始化学生的信息结构体数组以及将筛选的日期范围。然后，通过循环筛选出对应日期范围内的学生的返乡信息并利用结构体成员运算符将其输出。

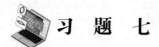

习 题 七

一、选择题

1. 下面是关于结构体类型与变量的定义语句，错误的是（　　）。
   A. struct abc{int a;int b;int c;};struct abc x;
   B. struct abc{int a;int b;int c;}struct abc x;
   C. struct abc{int a;int b;int c;} x;
   D. struct {int a;int b;int c;}x;
2. 有以下结构体定义：

```
struct abc
{   int a;
    int b;
    int c;
}a1;
```

则以下正确的引用或定义是（　　）。
   A. abc.a=10;   B. struct a2; a2.b=20
   C. abc a2;a2.c=30   D. struct abc a2={40};
3. 有以下定义：

```
struct
{   char a;
    int b;
    float c;
}a[2]={'A',2,2};
```

则下列表达式的值为2的是（　　）。
   A. a[0].b;   B. a[0].c   C. a[1].b;   D. a[1].c;
4. 有以下程序段：

```
struct ts
{
    int x;
    int *y;
```

```
}*p;
int a[] = {1,2},b[] = {3,4};
struct ts c[2] = {10,a,20,b};
p=c;
```

以下选项中表达式的值为 11 的是（　　）。

    A. *p->y　　　　　B. p->x　　　　　C. ++p->x　　　　　D. (p++->x)

5. 有以下程序段：

```
#include <stdio.h>
struct contry
{   int  num;
    char name[20];
}x[5] = {1,"China",2,"USA",3,"France",4,"Englan",5,"Spanish"};
int main()
{   int i;
    for (i = 3;i < 5;i++)
        {printf("%d%c",x[i].num,x[i].name[0]);}
    return 0;
}
```

正确输出结果是（　　）。

    A. 3F4E5S　　　　B. 4E5S　　　　C. F4E　　　　D. c2U3F4E

6. 有如下的定义：

```
union
{
    int i;
    float a;
    char c;
}ab;
```

则 sizeof(ab)的值为（　　）。

    A. 4　　　　　　B. 5　　　　　C. 6　　　　　D. 7

7. 对于下述定义，不正确的叙述是（　　）。

```
union test
{
    int i;
    char c;
    float d;
}a,b;
```

    A. 变量a所占内存的长度等于成员d的长度
    B. 变量a的地址和它的各成员地址都是相同
    C. 不可以在定义时对a的所有成员初始化
    D. 不能对变量a赋值，故 a=b 非法

8. 若有以下定义和语句

```
union data{int i; char c; float f;}x;
```

则以下语句正确的是（　　）。

    A. x=105;　　　　B. x.c=101;　　　　C. y=x;　　　　D. printf("%d\n",x);

9. 设有如下定义：

enum color{read =3,yellow,blue,white =4,black};

则枚举元素 yellow、blue 和 black 的值分别是（   ）。

    A. 4 5 5   B. 4 5 6   C. 4 1 2   D. 4 2 5

10. 下述枚举定义中，下列正确的是（   ）。

    A. enum em1{1,one=4,two,20};

    B. enum em2{"no","yes"};

    C. enum em3{A1,D2,E1+1,K1};

    D. enum em4{MY,YOUR=4,HIS,HER=HIS+10};

二、填空题

1. 以下程序的运行结果是_____。

```
#include <stdio.h>
union pw { int i; char ch[5]; } a;
int main( )
{
    a.i = 0x44434241;
    a.ch[4] = 0;
    printf("%s\n",a.ch);
    return 0;
}
```

2. 有以下定义和语句：

struct {int day; char month; int year;}a,*b; b=&a;

可用 a.day 引用成员 day,请写出引用成员 a.day 的其他两种形式_____、_____。

3. 同一类型的共用体变量_____相互赋值。

4. 若有以下定义和语句：

struct {int day; char month; int year;}a,*b; b=&a;

则 sizeof(a)的值是_____，sizeof(b)的值是_____。

5. 若有如下定义语句，则变量 q 在内存中所占的字节数是_____。

```
union qxt
{
    float x;
    char c[6];
};
struct ss
{
    union qxt cc;
    float w[5];
    double qaz;
}q;
```

6. 以下程序输出结果是_____。

```
#include<stdio.h>
struct s
```

```
{
    int a;
    struct s *next;
};
int main()
{
    int i;
    static struct s x[2] = {5,&x[1],7,&x[0]},*ptr;
    ptr = &x[0];
    for(i = 0;i < 3;i++)
    {
        printf("%d",ptr -> a);
        ptr = ptr -> next;
    }
    return 0;
}
```

7. 以下程序的运行结果是_____。

```
#include<stdio.h>
struct stru
{
    int x;
    char ch;
};
void func(struct stru b)
{
    b.x = 100;
    b.ch = 'n';
}
int main()
{
    struct stru a = {4,'d'};
    func(a);
    printf("%d,%c\n",a.x,a.ch);
    return 0;
}
```

8. 以下程序运行后输出结果是_____。

```
#include <stdio.h>
enum days {mon = 1, tue, wed, thu, fri, sat, sun} today = tue;
int main( )
{
    printf("%d", (today+2)%7 );
    return 0;
}
```

9. 以下程序运行后输出结果是_____。

```
#include <stdio.h>
enum color{BLACK,YELLOW,BLUE = 3,GREEN,WHITE};
int main( )
{
```

```
    char colorname[][80] = {"Black","Yellow","Blue","Green","White"};
    enum color c1 = GREEN,c2 = BLUE;
    printf("%s", colorname[c1 - c2]);
    return 0;
}
```

10. 以下程序运行后输出结果是_____。

```
#include <stdio.h>
enum {A,B,C = 4} i;
int main( )
{
    int k = 0;
    for(i = B; i<C; i++)
      k++;
    printf("%d",k);
    return 0;
}
```

三、编程题

1. 请编写一个 C 语言程序，定义一个结构体变量，包括年、月、日，给该变量赋值，计算该日在该年为第几天。

2. 请编写一个 C 语言程序，有 10 个学生，每个学生的数据包括学号、姓名以及 3 门课程成绩，从键盘上输入这 10 个学生的数据，求出各学生的平均成绩，并按平均成绩从大到小排序。

第 8 章 文件操作

在对计算机的使用过程中通常离不开文件。例如常见的 word 文档、图片文件、音频文件等。而在计算机中，文件通过计算机硬盘为载体存储在计算机上的信息集合。当数据需要长久保存时，或需要将数据传递给另一种语言处理时，就应该将数据以文件的形式存储起来。

8.1 文件的概念与分类

文件是一组相关数据的有序集合，是程序设计中的一个重要概念。通常情况下，使用计算机主要是使用文件。要进行数据处理，往往也需要通过文件来完成。C 语言中，对数据文件进行操作都是通过系统提供的标准函数实现。

1. 文件概述

在 C 语言中，主要有程序文件和数据文件两种。程序文件包括源程序文件（扩展名为.c）、目标文件（扩展名为.obj）、可执行文件（扩展名为.exe）等，这种文件的内容是程序代码。数据文件按照数据存储的编码方式，主要分成两种：文本文件和二进制文件。本章主要讨论数据文件。因此主要介绍数据文件中的文本文件和二进制文件。

2. 数据文件

1）文本文件

文本文件由字符组成，每个字符用其对应的 ASCII 码进行存储和编码，其文件内容就是一个个字符，一般文本文件用"记事本"程序直接打开、查看并修改文件内容。例如，整型 12345，用 ASCII 码存放的时，存放形式为 0011000100110010001100110011010000110101。文本文件就是将需要保存到文件中的信息通过 ASCII 码字符表示，然后将其按顺序将每个字符的 ASCII 码存放在文件中。即整数 12345，对应的存储方式为字符'1'的 ASCII 码是 49（二进制为 00110001）、字符'2'的 ASCII 码是 50（二进制为 00110010），依次类推。

2）二进制文件

二进制文件是将内存中的数据按其在内存中的存储形式原样输出到磁盘上存放，即直接使用数据的二进制形式存放。使用文本文件的"记事本"程序是无法正确打开二进制文件。例如，整型 12345，用二进制存放时，存放格式为 0011000000111001。二进制文件就是将信息在内存中的二进制形式存放在文件中。

3. 缓冲文件系统

C 语言的文件输入输出系统分为缓冲文件系统与非缓冲文件系统，其中缓冲文件系统是指系统自动地在内存区为程序中每一个正在使用的文件开辟一个文件缓冲区从内存向磁盘输出数据必须先送到内存中的缓冲区，装满缓冲区后才一起送到磁盘中去。如果从磁盘向计算机读入数据，则一次从磁盘文件将一批数据输入到内存缓冲区（充满缓冲区），然后再从缓冲区逐个地将数据送到程序数据区（给程序变量）。

ANSI C 标准采用"缓冲文件系统"处理数据。输入缓冲区和输出缓冲区，程序、缓冲区和文件的关系图如图 8-1 所示。

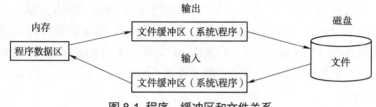

图 8-1 程序、缓冲区和文件关系

读文件时，系统将外存文件中的内容读入到输入的文件缓冲区，而后，程序从输入的文件缓冲区将文件内容接收到内存变量中，完成读文件操作；写文件时，将内存中的数据写入输出缓冲区，由系统将输出的文件缓冲区的内容写入文件。

4. 文件类型指针

在 C 语言中，利用文件类型指针实现对文件的操作。每个被使用的文件都在内存中开辟一个相应的文件信息区，用来存放文件的有关信息（如文件的名字、文件的状态及文件当前位置等）。这些信息保存在一个结构体变量中，该结构体类型是由系统声明，取名为 FILE，该结构体定义包含在 stdio.h 头文件中，因此使用文件的程序都要包含"#include<stdio.h>"。FILE 的定义如下：

```
typedef struct
{
    short level;              //缓冲区"满"或"空"的程度
    unsigned flags;           //文件状态标志
    char fd;                  //文件描述符
    unsigned char hold;       //如缓冲区无内容不读取字符
    short bsize;              //缓冲区的大小
    unsigned char *buffer;    //数据缓冲区的首地址
    unsigned char *curp;      //读写指针或位置指针
    unsigned istemp;          //临时文件标志
    short token;              //用于有效性检查
}FILE;
```

在程序中，有了文件缓冲区的结构体定义后，使用指针来指向该文件的结构体，通过移动指针实现对文件的操作，该指针就是 FILE 文件类型指针。声明 FILE 结构体类型的信息包含在头文件"stdio.h"中，因此在程序中可以直接使用 FILE 类型名定义结构体变量和指针变量。定义文件结构体指针的格式如下：

```
FILE 文件指针;
```

例如：

```
FILE *fp;
```

fp 是一个指向 FILE 类型结构体的指针变量。

有关文件的操作都需要定义文件类型指针变量，一般同时处理几个文件就需要定义几个文件类型指针变量。

 ## 8.2 文件的打开与关闭

对文件进行操作之前应该打开文件，然后对文件进行相应的处理，使用结束之后应关闭文件。在 C 语言中，对文件的操作有两个，分别为读取文件（从磁盘文件中读取信息，读操作）和编辑文件（把信息存放在磁盘文件中，写操作），同样，无论是读取文件还是编辑文件首先都应该打开文件，对文件编辑处理完成后，将文件进行关闭。

1. 文件的打开

在 C 语言中，使用 fopen()函数打开文件，打开文件的操作就是创建一个流，为指定的文件名分配相应的文件缓冲区。该函数需要两个参数：文件名和打开模式。

fopen()函数的调用方式如下：

```
fopen("文件名","文件打开方式");
```

说明：括号中的"文件名"指出要打开的文件。文件名一般要包含路径，如果未包含路径，默认与当前程序的路径一致；如果包含文件路径，由于"\"为转义字符，所有路径中的"\"都需要使用"\\"表示。文件打开方式表示要对文件进行的操作方式。例如：

```
fopen("d:\\test.txt","r");
```

该行代码表示打开 d 磁盘中文件名为"test"的文本文件，以只读的方式打开文件，文件的打开方式见表 8-1。其中 fopen()函数的返回值是一个 FIEL 类型的指针，指向 test 文件的指针（即 test 文件信息区的起始地址）。因此在使用文件之前，先定义文件类型指针，例如：

```
FIEL *fp;
fp=fopen("文件名","文件打开方式");
```

表 8-1 文件打开方式

文件打开方式	含 义
"r"(只读)	打开一个已存在的文本文件，只允许读数据
"w"(只写)	打开或创建一个文本文件，只允许写数据
"a"(追加)	打开一个已存在的文本文件，并在文件末尾写数据
"rb"(只读)	打开一个已存在的二进制文件，只允许读数据
"wb"(只写)	打开或创建一个二进制文件，只允许写数据
"ab"(追加)	打开一个已存在的二进制文件，并在文件末尾写数据
"r+"(读写)	打开一个已存在的文本文件，允许读写数据
"w+"(读写)	打开或创建一个文本文件，允许读写数据

续表

文件打开方式	含义
"a+"(读写)	打开一个已存在的文本文件，允许读或在末尾写数据
"rb+"(读写)	打开一个已存在的二进制文件，允许读写数据
"wb+"(读写)	打开或创建一个二进制文件，允许读写数据
"ab+"(读写)	打开一个已存在的二进制文件，允许读或末尾写数据

例如，以只读方式打开名为 test 的文本文件，代码如下：

```
FILE *fp;
fp=fopen("test.txt","r");
```

如果 fopen()函数打开文件成功，返回一个有确定指向的 FILE 类型指针；若打开失败，则返回 NULL。

说明：

①如果不能按 fopen()函数中的打开方式打开指定的文件，fopen()函数将会带回一个出错信息。而文件打开失败通常有 3 个原因：指定的文件存储盘符或路径不存在；文件名中含有无效字符；以 r 模式打开一个不存在的文件。

②对于文本文件，向计算机输入时，将回车换行符转换为一个换行符，在输出时把换行符转换为回车和换行两个字符。对于二进制文件，不能进行这种转换，内存中的数据形式与外部文件中的数据形式完全一致。

③在程序开始时，系统将自动打开 3 个标准文件，即标准输入、标准输出和标准出错文件，这 3 个文件都与系统相连接的标准 I/O 设备有关。

④fopen 返回一个指针，应该不为空，为空表示文件打开失败。因此，经常用如下语句来判断是否打开成功并进行相应的操作。

```
if((fp=fopen("test.txt","r")) = NULL)
{
    printf("打开文件失败\n");
    exit(0);
}
else
{
    //文件处理程序语句
}
```

其中，exit(0)是的程序立即正常终止。

2. 文件的关闭

在 C 语言中，使用 fclose()函数关闭文件。关闭文件操作就是将文件缓冲区中还未写入文件的数据写入文件，确保数据的完整性，同时释放文件占用的缓冲区单元。fclose()函数格式为

```
fclose(文件指针)
```

说明：括号里的文件指针表示其指向的文件，fclose()函数的作用是关闭该指针指向的文件。如果 fclose()函数成功执行，则返回 0，否则返回 EOF(–1)，表示关闭时出错。EOF 是头文件"stdio.h"中定义的宏常量，值为–1。所以通常在关闭文件时，也应使用如下语句判断是否成功关闭文件。

```
if(fclose(fp))
{
    printf("关闭文件失败\n");
    exit(1);
}
```

> **注意**：若文件以写方式打开，则必须调用 fclose() 函数关闭文件，否则会导致缓冲区内容丢失。对于以只读方式打开的文件，如果不调用 fclose() 函数关闭文件，系统可能会出现异常。

8.3 文件的读写操作

在 C 语言中，对文件的读和写的操作是需要通过 C 语言中的标准函数实现，因此使用前需包含头文件预处理语句，#include<stdio.h>。

1．fputc() 函数和 fgetc() 函数

1) fputc() 函数

在 C 语言中，使用 fputc() 函数把一个字符写到磁盘文件中(fp 所指向的文件)，其调用的格式如下：

```
fputc(ch,fp);
```

其中，ch 为需要写入的字符，字符可以为一个字符常量，也可以为一个字符变量。fp 为指向文件的文件指针变量，且该文件的打开方式应为可写方式。如果函数写入成功，则返回值就是写入的字符；如果写入失败，则返回 EOF。

例 8.1

例 8.1 从键盘上输入字符，以"*"字符结束，并将这些字符写到文件"E:\test.txt"中。

分析：本题要求从键盘接收用户输入的字符，直到用户输入"*"字符为止，然后将这些字符（不包括*）写入到指定的文件 E:\test.txt 中。这涉及到 C 语言中的文件 I/O 操作，包括文件的打开、写入和关闭。

程序代码：

```
#include<stdio.h>
#include<stdlib.h>
int main()
{
    char ch;
    FILE* fp;                              //定义文件指针
    fp = fopen("E:\\test.txt", "w");       //打开文件
    if (fp == NULL)                        //处理文件失败
    {
        printf("\n 不能打开文件!");
        exit(1);
    }
    printf("请输入若干字符（*号结束）: \n");
    ch = getchar();
```

```
        while (ch != '*')                    //循环写文件，输入*号结束
        {
            fputc(ch, fp);
            ch = getchar();
        }
        if (fclose(fp))                      //关闭文件
        {
            printf("不能关闭文件!\n");
            exit(1);
        }
        return 0;
}
```

运行结果：

```
请输入若干字符（*号结束）：
Hello*
```

程序说明：首先，程序包含了 stdio.h 头文件，以使用标准输入输出库中的函数。定义了一个字符变量 ch 用于存储从键盘读取的字符，以及一个文件指针 fp 用于后续的文件操作。使用 fopen()函数以写入模式（"w"）打开文件 E:\test.txt，并将返回的文件指针赋给 fp。如果 fp 为 NULL，则打印错误信息并退出程序。提示用户输入字符，直到输入*为止。在循环体内，使用 fputc()函数将读取到的字符写入到文件中。使用 fclose()函数关闭文件。如果关闭失败（这在实际应用中很少发生），则打印错误信息并退出程序。

2）fgetc()函数

在 C 语言中，使用 fgetc()函数从指定文件(fp 所指向的文件)中读取一个字符。其调用格式如下：

```
ch=fgetc(fp);
```

其中，fp 为指向文件的文件指针变量，且该文件的打开方式应为只读或读写方式，ch 为从文件中读出的字符。fgetc()函数返回由 fp 所指文件中读取一个字符，赋值给 ch。如果读取到文件末尾或出错时返回 EOF。

例8.2 将例 8.1 建立的文件"E:\test.txt"中的内容输出到显示器。

分析：本题要求读取例 8.1 中创建的文件"E:\test.txt"的内容，并将其输出到显示器上。这涉及 C 语言中的文件 I/O 操作，特别是文件的读取操作。

程序代码：

```
#include<stdio.h>
int main()
{
    char ch;
    FILE* fp;
    fp = fopen("E:\\test.txt", "r");    //以读方式打开文件
    if (fp == NULL)                      //打开文件出错处理
    {
        printf("\n不能打开文件!");
        exit(1);
    }
    ch = fgetc(fp);
```

```
        while (ch != EOF)                        //顺序读取文件内容，直到文件尾
        {
            putchar(ch);
            ch = fgetc(fp);
        }
        if (fclose(fp))                          //关闭文件
        {
            printf("不能关闭文件!\n");
            exit(1);
        }
        return 0;
}
```

运行结果：

```
Hello
```

程序说明： 程序定义了一个字符变量 ch 用于存储从文件中读取的字符，以及一个文件指针 fp 用于文件操作。使用 fopen()函数以读取模式（"r"）打开文件"E:\test.txt"，并将返回的文件指针赋给 fp。如果 fp 为 NULL，则打印错误信息并退出程序。使用 fgetc()函数从文件中读取一个字符，并将其存储在变量 ch 中。接着，使用 while 循环和 EOF（文件结束符）来判断是否已到达文件末尾。在循环体内，使用 putchar()函数将读取到的字符输出到显示器，并继续读取下一个字符。当文件读取完毕后，使用 fclose()函数关闭文件。如果关闭失败，则打印错误信息并退出程序。

2．fputs()函数和fgets()函数

1）fputs()函数

在 C 语言中，利用 fputs()函数向指定文件写入一个字符串，其一般格式如下：

```
fputs(字符串,文件指针);
```

其中，字符串可以是字符串常量，也可以是字符数组名、指针或变量。写入成功则返回所写的最后一个字符；否则返回 EOF。文件指针必须指向一个以写方式打开的文件，写入字符串后，文件的读写指针会自动后移。

8.3　向歌词文件"E:\\song.txt"中写入歌词。

分析： 本题要求编写一个 C 语言程序，该程序会从用户处获取歌词，并将这些歌词写入到名为"E:\song.txt"的文件中。程序首先定义了一个字符数组来存储用户输入的歌词，然后尝试以写入模式（"w"）打开一个文件。如果文件打开成功，则提示用户输入歌词，并将输入的歌词写入文件。最后，程序关闭文件并结束。

程序代码：

```
#include <stdio.h>
int main()
{
    char str[80];                                //定义字符数组存放字符串
    FILE* fp;                                    //定义文件指针
    if ((fp = fopen("E:\\song.txt", "w")) == NULL)  //写方式打开文件
    {
        printf("不能打开文件!\n");                //打开文件出错处理
        exit(1);
```

```
        }
        printf("请输入歌词: \n");
        gets(str);                    //输入并获取输入的字符串
        fputs(str, fp);               //将字符串写入 fp 指向的文件中
        if (fclose(fp))               //关闭文件
        {
            printf("不能关闭文件!\n");
            exit(1);
        }
        return 0;
    }
```

运行结果:

请输入歌词:
我的未来不是梦

程序说明：该程序演示了如何使用 C 语言的标准库函数来写入文件。首先，定义了一个字符数组 str 来存储用户输入的歌词，然后，定义了一个文件指针 fp 来操作文件。程序使用 fopen() 函数以写入模式打开文件，并检查是否成功打开。如果文件打开成功，程序提示用户输入歌词，并使用 gets() 函数（或更安全的 fgets() 函数）来读取用户输入的歌词。之后，程序使用 fputs() 函数将歌词写入到文件中，并使用 fclose() 函数来关闭文件。如果在文件打开或关闭过程中发生错误，程序将输出错误信息并退出。

2）fgets()函数

在 C 语言中，利用 fgets()函数从指定文件中读取一个字符串到字符数组中，其一般格式如下：

```
fgets(字符数组名,n,文件指针);
```

其中，n 表示读取的字符串中字符的个数(包含"\0")。如果读文件成功则返回字符串赋给字符数组，否则返回 NULL。文件指针必须指向一个以读方式打开文件，文件的读写指针会自动后移。

例8.4 读出例 8.3 的歌词文件 "E:\\song.txt" 中的歌词并打印在终端。

分析：本题要求编写一个 C 语言程序，该程序应能读取位于"E:\song.txt"路径下的歌词文件，并将文件中的内容打印到终端。这意味着我们需要打开文件以进行读取，接着读取文件内容并打印文件内容，最后关闭文件。

程序代码：

```
#include <stdio.h>
int main()
{
    char str[80];                              //定义字符数组接收文件内容
    FILE* fp;
    if ((fp = fopen("E:\\song.txt", "r")) == NULL)  //读方式打开文件
    {
        printf("不能打开文件!\n");                   //打开文件出错处理
        exit(1);
    }
    fgets(str, sizeof(str), fp);                //读取文件中的内容
```

```
        printf("%s", str);                          //打印读取内容
        fclose(fp);                                 //关闭文件
        return 0;
}
```

运行结果:

我的未来不是梦

程序说明: 程序包含了 stdlib.h 头文件以使用 exit()函数。在 main()函数中,定义了一个字符数组 str 用于存储从文件中读取的歌词内容,并定义了一个文件指针 fp。程序尝试以只读模式打开"E:\song.txt"文件,并将文件指针赋值给 fp。如果文件打开失败,则输出错误消息并使用 exit(1)退出程序。使用 fgets()函数从文件中读取一行内容到 str 数组中。注意,这里只能读取一行,如果文件中有多行内容,则需要循环读取。使用 printf()函数将读取到的内容打印到终端。使用 fclose()函数关闭文件。

3. fprintf ()函数和 fscanf ()函数

在 C 语言中,fscanf()函数、fprintf()函数与 scanf()函数、printf()函数功能相似,都是格式化输入输出函数,只是输入输出对象不同,fscanf()函数、fprintf()函数以文件为对象进行格式化输入输出。

1) fprintf ()函数

在 C 语言中,fprintf ()函数是根据指定的格式,将数据输出到文件中。对系统而言,这是一个输出的过程;但对文件而言,这是一个写入的过程。其一般格式如下:

`fprintf(文件类型指针,格式控制字符串,输出列表);`

其中,fprintf()的返回值是写入的字符数,发生错误时返回一个负值。文件指针必须指向一个以写方式打开文件,写入字符串后,文件的读写指针会自动后移。

例8.5 从键盘输入 5 个整数,并将输入的整数写入"E:\\li_8.5.txt"文件中。

分析: 本题要求编写一个 C 程序,该程序应能将从键盘输入的 5 个整数写入"E:\\li_8.5.txt"文件,其主要步骤为:首先使用 fopen()函数以写入模式打开文件,并检查是否成功。接着,使用 for 循环和 scanf()函数从键盘接收 5 个整数,并利用 fprintf()函数将每个整数写入文件。最后使用 fclose()函数关闭文件,并检查是否成功。

程序代码:

```
#include<stdio.h>
int main()
{
    FILE* fp;                                       //定义文件指针
    int i, x;
    if ((fp = fopen("E:\\li_8.5.txt", "w")) == NULL)  //写方式打开文件
    {
        printf("不能打开文件!\n");                  //打开文件出错处理
        exit(1);
    }
    printf("请输入 5 个整数: \n");
    for (i = 0; i < 5; i++)
    {
        scanf("%d",&x);                             //输入整数
```

```
            fprintf(fp, "%5d",x);              //将输入值写入文件
    }
    if (fclose(fp))                            //关闭文件
    {
        printf("不能关闭文件!\n");
        exit(1);
    }
    return 0;
}
```

程序说明：在 main()函数中，定义了一个文件指针 fp 和一个用于循环和存储整数的变量 i 和 x。然后，程序尝试以写入模式打开文件，并检查是否成功。如果文件打开失败，则输出错误信息并退出程序。接下来，程序提示用户输入 5 个整数，并使用 for 循环和 scanf()函数读取这些整数。每个读取到的整数都使用 fprintf()函数按照%5d 的格式写入到文件中。最后，程序使用 fclose()函数关闭文件，并检查是否成功关闭。

2）fscanf()函数

在 C 语言中，fscanf()函数是从文件中读取数据，遇到空格和换行符时结束。对系统而言，这是一个输入的过程；但对文件而言，这是一个读取数据的过程。其一般格式如下：

```
fprintf(文件类型指针,格式控制字符串,输入列表);
```

其中，fscanf()返回读出输入项列表的个数。文件指针必须指向一个以读方式打开文件，文件的读写指针会自动后移。

例8.6 将例 8.5 中 "E:\\li_8.5.txt" 文件进行打印输出。

分析：要求从 "E:\li_8.5.txt" 文件中读取 5 个整数，并将这些整数打印输出到屏幕上。这需要利用文件读取操作和用户输出处理两个主要步骤。

程序代码：

```
#include<stdio.h>
int main()
{
    FILE* fp;                                  //定义文件指针
    int i, x;
    if ((fp = fopen("E:\\li_8.5.txt", "r")) == NULL)    //读方式打开文件
    {
        printf("不能打开文件!\n");              //打开文件出错处理
        exit(1);
    }
    for (i = 0; i < 5; i++)
    {
        fscanf(fp,"%5d", &x);                  //将文件内容读到 x 中
        printf( "%5d", x);                     //打印输出读取到的内容
    }
    if (fclose(fp))                            //关闭文件
    {
        printf("不能关闭文件!\n");
        exit(1);
    }
    return 0;
}
```

运行结果：

```
    1    2    3    4    5
```

程序说明：程序定义了一个文件指针 fp 用于后续的文件操作。使用 fopen()函数以只读模式（"r"）打开文件，并检查是否成功打开。如果打开失败，则输出错误信息并退出程序。使用 for 循环和 fscanf()函数从文件中读取整数，并将读取到的整数打印到屏幕上。这里使用%5d 来确保每个整数至少占据 5 个字符的宽度。同时，我们检查了 fscanf()函数的返回值来确认是否成功读取了一个整数。使用 fclose()函数关闭文件，并检查是否成功关闭。如果关闭失败，则输出错误信息并退出程序。

4．fread()函数和 fwrite()函数

fread()函数和 fwrite()函数可用于读写一组数据，如一个数组元素，一个结构体变量的值等，多用于二进制文件。

1）fwrite()函数

在 C 语言中，fwrite()函数用于将 buffer 地址开始的信息输出 count 次，每次写 size 字节到 fp 指向的文件中。其一般格式如下：

```
fwrite(buffer,size,count,fp);
```

其中，buffer 是指向待写入数据的指针，size 是要写入数据块的字节数，count 是要写入的数据块的个数，fp 为文件指针。fp 必须指向一个以写方式打开的文件，写入数据后，文件的读写指针会自动后移。

例 8.7 将整型数组中的数据写到文件"E:\\li_8.7.dat"中。

分析：要求将一个整型数组中的数据写入到文件"E:\li_8.7.dat"中。这个题目涉及到文件写入操作，特别是使用 fwrite()函数将二进制数据写入文件。

程序代码：

```c
#include<stdio.h>
void main()
{
    int a[5] = {1,2,3,4,5};
    FILE* fp;
    if ((fp = fopen("E:\\li_8.7.dat", "wb")) == NULL)
    {
        printf("不能打开文件!\n");
        exit(0);
    }
    fwrite(a, sizeof(int), 5, fp);   //将 a 数组中的五个元素都写入文件
    fclose(fp);
}
```

程序说明：程序定义了一个包含 5 个整数的数组 a，并初始化为 1 到 5。文件打开：使用 fopen()函数以二进制写模式（"wb"）打开文件。如果文件打开失败，则程序会输出错误信息并使用 exit(1)退出。使用 fwrite()函数将数组 a 的内容写入文件。使用 fclose()函数关闭文件。

2）fread()函数

在 C 语言中，fread()函数用于从 fp 指向的文件中读取 count 次，每次读 size 字节，读取信息保存在 buffer 地址中。其一般格式如下：

```
fread(buffer,size,count,fp);
```

其中，buffer 是指向读出数据存放位置的指针，size 是要读的数据块的字节数，count 是要读取的数据块的个数，fp 为文件指针。fp 必须指向一个以读方式打开的文件，写入数据后，文件的读写指针会自动后移。

例 8.8　读取例 8.7 中的文件"E:\\li_8.7.dat"内容并打印输出在终端。

分析：这个题目要求读取在例 8.7 中创建的文件"E:\li_8.7.dat"的内容，该文件包含 5 个整数的二进制表示，并将这些整数在终端打印输出。

程序代码：

```
#include <stdio.h>
int main()
{
    int c[10], i;
    FILE* fp;
    if ((fp = fopen("E:\\li_8.7.dat", "rb")) == NULL)
    {
        printf("不能打开文件!\n");
        exit(1);
    }
    fread(c, sizeof(int), 5, fp);         //将五个数据项读到c数组中
    for ( i = 0; i < 5; i++)
    {
        printf("%5d", c[i]);              //将读取到的数据打印输出
    }
    if (fclose(fp))                       //关闭文件
    {
        printf("不能关闭文件!\n");
        exit(1);
    }
    return 0;
}
```

运行结果：

```
    1    2    3    4    5
```

程序说明：程序首先定义数组 c 时，用于存储数据。使用 fopen()函数以二进制读模式（"rb"）打开文件。如果文件打开失败，程序将输出错误信息并退出。使用 fread()函数从文件中读取 5 个整数到数组 c 中。通过循环遍历数组 c，并使用 printf()函数将每个整数以宽度为 5 的格式打印到终端。使用 fclose()函数关闭文件，并检查其返回值。如果关闭失败，程序将输出错误信息并退出。

8.4　文件的定位与随机访问

对文件进行顺序读写比较容易理解，也容易操作，但有时效率不高。当对文件进行操作时，不需要从文件首开始，只操作指定内容时，需要使用文件定位函数来实现数据的随机读

取。随机读取数据不是按数据在文件中的物理位置次序进行读写,而是可以对任何位置上的数据进行访问,显然这种方法比顺序访问效率高。

1. 文件的定位

在 C 语言中,对文件进行处理时使用了一个位置指针,指出当前处理文件中的位置。这个位置指针很重要,有了它的帮助可以灵活处理文件。

1) rewind()函数

rewind()函数用于将位置指针重返文件首,没有返回值。其一般格式如下:

```
rewind(文件类型指针);
```

例8.9 在 E 盘中有 "E:\\file1.dat" 文件。要求第 1 次将该文件的内容显示在屏幕上,第 2 次把它复制到另一个文件上。

分析:根据题目要求,分为两个步骤,首先,读取并显示 "E:\\file1.dat" 文件的内容到屏幕上。将 "E:\\file1.dat" 文件的内容复制到另一个文件 "E:\\fiel2.dat" 上。

程序代码:

```c
#include<stdio.h>
int main()
{
    FILE* fp1, * fp2;
    fp1 = fopen("E:\\file1.dat", "r");      //打开输入文件
    fp2 = fopen("E:\\fiel2.dat", "w");      //打开输出文件
    while (!feof(fp1))
    {
        putchar(getc(fp1));        //逐个读入字符并输出到屏幕
    }
    rewind(fp1);
    while (!feof(fp1))
    {
        putc(getc(fp1),fp2);       //从文件头重写逐个读字符,输出到 fiel2.dat 文件中
    }
    fclose(fp1);
    fclose(fp2);
    return 0;
}
```

运行结果:

```
Hello World
```

程序说明:第 1 次从 file1.dat 文件将字节读入内存,并显示在屏幕上,在读完全部数据后,文件 file1.dat 的文件位置标记已知道文件末尾。用函数 feof()可以粗出文件位置标记是否已指到文件末尾。如果 fp1 指向的文件的位置标记已指到文件末尾,feof(fp1)的值为真。那么,!feof(fp1)的值为假(0),这时 while 循环不再继续。执行 rewind()函数,使文件 file1 的文件位置标记重新定位于文件开头,同时 feof()函数的值会恢复为 0(假)。

2) fseek()函数

fseek()函数用于移动文件内部的位置指针。其一般格式如下:

```
fseek(文件类型指针,位移量,起始点);
```

其中,"文件类型指针"指向被移动的文件;"位移量"表示移动的字节数,一般为 long 型数据,以保证文件长度大于 64 KB 时不会出错;"起始点"表示从何处开始计算位移量,一般是文件首、文件当前位置和文件尾,其表示方法见表 8-2。

表 8-2 起始点

起 始 点	表 示 符 号	数 字 表 示
文件首	SEEK-SET	0
文件当前位置	SEEK-CUR	1
文件尾	SEEK-END	2

fseek()函数一般用于二进制文件。

例 8.10 将文件"E:\\li_8.10.txt"文件中所有小写字母改写为大写字母后保存,文件中其他字符不变。

分析:该程序能够读取"E:\li_8.10.txt"文件中的所有内容,并将其中所有的小写字母转换为大写字母,可以利用大小写转换函数,然后将修改后的内容保存回原文件,同时保持其他字符不变。

程序代码:

```
#include<stdio.h>
#include<ctype.h>
int main()
{
    FILE* fp;                         //定义一个文件指针
    char ch;                          //定义一个字符变量用于存储从文件中读取的字符
    if((fp = fopen("E:\\li_8.10.txt","r+")) == NULL)
    {
        printf("不能打开文件");
        exit(0);
    }
    while ((ch = fgetc(fp)) != EOF)   //读取文件内容
    {
        if(islower(ch) != 0)          //判断读取到的字符是否为小写字母
        {
            fseek(fp,-1L,1);          //将文件指针向前移动一个位置,以便可以覆盖原来的
                                      //  小写字母
            ch = toupper(ch);         //将小写字母转换为大写字母
            fputc(ch,fp);             //将转换后的大写字母写回文件,覆盖原来的小写字母
            fseek(fp, -1L, 1);        //确保下一次读取或写入操作是在正确位置
        }
    }
    fclose(fp);
    return 0;
}
```

程序说明:程序以读写模式打开文件。并利用 fseek()函数和 fputc()函数直接在读取的同时修改文件内容。如读取的内容为小写字母,则利用 toupper()函数转换为大写并覆盖原来的小写字母。

3）ftell()函数

ftell()函数用于得到流式文件中的当前位置，用相对文件开头的位移量来表示。其一般格式如下：

```
ftell(文件类型指针);
```

当 ftell 函数的返回值为 –1L 时，表示出错。例如：

```
i=ftell(fp);                        //变量i存放文件当前位置
if(i==-1L)printf("error\n");        //如果调用函数时出错，输出"error"
```

2. 随机访问

在 C 语言中，可以利用 rewind()和 fseek()函数实现文件的随机访问（读写）。

例8.11 在磁盘文件"E：\\li_8.11.dat"中存有 10 个学生的数据，学生数据是按结构体数据类型存储，包含学生姓名、学号、年龄、宿舍号。要求将第 1、3、5、7、9 个学生数据输入计算机，并在屏幕上显示出来。

分析：题目要求从磁盘文件"E:\li_8.11.dat"中读取第 1、3、5、7、9 个学生的数据，并在屏幕上显示出来。假设文件中的数据是以二进制格式存储的，每个学生的数据都按照 student 结构体定义进行存储。

程序代码：

```c
#include<stdio.h>
#include<stdlib.h>
struct student                                      //学生数据类型
{
    char name[20];
    int num;
    int age;
    char addr[20];
}stu[10];
int main()
{
    int i;
    FILE* fp;
    if((fp = fopen("E:\\li_8.11.dat","rb")) == NULL)  //以只读方式打开二进制文件
    {
        printf("不能打开文件\n");
        exit(0);
    }
    for ( i = 0; i < 10; i+=2)
    {
        fseek(fp,i*sizeof(struct student),0);             //移动文件位置标记
        fread(&stu[i], sizeof(struct student), 1, fp);   //读一个数据块到结构体
        printf("%-10s%4d %4d  %-10s\n",stu[i].name, stu[i].num,
        stu[i].age, stu[i].addr);
    }
    fclose(fp);
    return 0;
}
```

运行结果：

```
zhang   1001    19    room_101
lu      1003    22    room_103
liu     1005    24    room_105
tang    1007    22    room_107
he      1009    16    room_109
```

程序说明：用 fopen()函数打开的文件"E:\\li_8.11.dat"，该文件需要存储对应的结构体数据类型的数据。本程序是从该文件中读入第 1，3，5，7，9 为学生的数据，然后输出屏幕。

在 fseek()函数调用中，指定"起始点"为 0，即以文件开头为参照点。位移量为 i*sizeof(struct student)，sizeof(struct student)是 struct student 类型变量的长度(字节数)。i 初值为 0，因此第一次执行 fread()函数时，读入长度为 sizeof(struct student)的数据，即第 1 个学生的信息，把它存放在结构体数组的元素 stu[0]中，然后在屏幕上输出该学生的信息。在第 2 次循环时，i 增值为 2，文件位置移动量是 struct student 类型变量的长度的两倍，即跳过一个结构体变量，移到第 3 个学生的数据区的开头，然后用 fread()函数读入一个结构体变量，即第 3 个学生的信息，存放在结构体数据的元素 stu[2]中，并输出到屏幕。如此继续下去，每次位置指针的移动量是结构体变长度的两倍，这样就读取了第 1，3，5，7，9 位学生的信息。

8.5 文件操作中的错误处理

C 语言提供了一些函数用来检查输入输出函数调用时可能出现的错误。

1. feof()函数

文件读写过程中，当函数遇到文件结束符时，将返回文件结束标志 EOF。但是光凭 EOF，很难判断程序是调用失败还是文件读取结束。

feof()函数用于判断是否读取到文件尾，其一般形式如下：

`feof(文件类型指针);`

判断文件是否处于文件结束位置，如文件结束，则返回值为 1，否则为 0。

例 8.12 文件"E:\\test.txt"的内容为"Hello"，使用 feof()函数判断是否已读取到文件末尾。

分析：本题要求从文件"E:\test.txt"中读取内容，并在读取过程中使用 feof()函数来检查是否已到达文件末尾。

例 8.12

程序代码：

```c
#include <stdio.h>
int main()
{
    FILE* fp;
    if ((fp = fopen("E:\\test.txt", "r")) == NULL)
    {
        printf("不能打开文件!\n");
        exit(1);
    }
```

```
    char a;
    while ((a = fgetc(fp)) != EOF)    //fgetc 读取文件时，读取失败返回 EOF
    {
        putchar(a);
    }
    if(feof(fp))
    {
        printf("文件到末尾了\n");
    }
    else
    {
        printf("文件读取失败");
    }
    fclose(fp);
    fp = NULL;
    return 0;
}
```

运行结果：

```
Hello 文件到末尾了
```

程序说明： 程序定义了一个文件指针 fp，并尝试以只读模式("r")打开位于"E:\test.txt"的文件。如果文件打开失败，则输出错误信息并退出程序。定义了一个字符变量 a，并使用 fgetc() 函数从文件中逐个字符地读取内容，直到遇到文件结束符 EOF。读取到的字符通过 putchar() 函数输出到控制台。利用 feof(fp)判断文件是否读取到末尾或发生错误后返回非零值（即 true），表示已到达文件末尾或发生错误。

2．ferror()函数

ferror()函数用于检测文件读写时可能出现的错误，其一般形式如下：

```
ferror(文件类型指针);
```

如果 ferror 返回值为 0，表示读写未出错，否则表示读写出错。

例8.13 读写文件 "E:\\test.txt" 时，使用 ferror()函数检测是否出现错误。

分析： 题目要求在读写文件 "E:\test.txt" 的过程中，使用 ferror()函数来检测是否出现了错误。ferror()函数是 C 语言中的一个标准库函数，用于检测与某个文件流关联的读/写错误。

程序代码：

```
#include <stdio.h>
int main()
{
    FILE* fp;
    char c;
    int ret;
    fp = fopen("E:\\test.txt", "r");
    fputc('A',fp);
    if(ferror(fp))
    {
        printf("文件 test 发生错误");
    }
    return 0;
}
```

运行结果：

文件 test 发生错误

程序说明：fopen()函数打开文件时参数为"r"，表示只读文件，后面又企图将'A'写入文件中，所以出现错误。将 fopen()函数中的"r"改为"r+"就不会发生错误了。

3. clearerr()函数

clearer()函数用于清除文件的错误标志。如果不清除文件错误，以后读写文件时，即使没有发生错误，ferror()仍将返回非零值。其一般形式如下：

clearerr(文件类型指针);

该函数的作用是使文件错误的标志和文件结束标志为 0。

例8.14 读写文件"E:\\test.txt"时，使用 ferror()函数检测是否出现错误。

分析：要求在读写文件"E:\test.txt"时，使用 ferror()函数来检测是否出现了错误。

程序代码：

```c
#include <stdio.h>
int main()
{
    FILE* fp;
    char c;
    int ret;
    fp = fopen("E:\\test.txt", "r");
    fputc('A', fp);
    if (ferror(fp))
    {
        printf("写入文件发生错误\n");
    }
    clearerr(fp);              //清除文件错误的标志
    c = fgetc(fp);
    printf("c =% c\n", c);
    if (ferror(fp))
    {
        printf("写入文件发生错误");
    }
    return 0;
}
```

运行结果：

写入文件发生错误
c=H

程序说明：尝试以只读模式打开文件 E:\test.txt。尝试写入字符'A'，但由于文件是以只读模式打开的，所以这会失败，并设置文件流的错误标志。ferror(fp)检测到错误，并输出"写入文件发生错误"。调用 clearerr(fp)清除错误标志。尝试从文件中读取一个字符并存储在 c 中，然后输出这个字符。由于文件是以只读模式打开的，并且前面的写入操作没有改变文件的内容或文件指针的位置，所以 fgetc(fp)应该能够正常地从文件中读取第一个字符（如果文件不为空）。再次调用 ferror(fp)来检测读取操作是否发生错误。由于读取操作应该成功，所以 ferror(fp)将返回 false（即 0），不会输出错误消息。

微视频
例8.15

例8.15 从键盘输入一个字符串，将其中的小写字母全部转换成大写字母，然后输出到一个文件"E:\\shiyan.txt"中保存，输入的字符串以"#"结束。

分析：为了完成这个任务，程序需要实现以下几个步骤：声明一个足够大的字符数组来存储输入的字符串。声明一个文件指针并打开一个文件用于写入。从键盘读取字符，直到遇到"#"字符。将读取的字符（如果是小写字母）转换为大写字母，并存储到字符数组中。如果输入的字符超过了字符数组的最大长度，则给出错误提示并停止输入。在字符数组末尾添加字符串结束符\0。将字符数组中的字符（现在全是大写）写入到文件中。关闭文件并给出操作完成的提示。

程序代码：

```c
#include <stdio.h>
#include <ctype.h>                      //包含toupper()函数
#define MAX_INPUT_LENGTH 1000           //假设输入字符串的最大长度
int main() {
    char input[MAX_INPUT_LENGTH];
    int i = 0;
    FILE* file;
    //打开文件以写入
    file = fopen("E:\\shiyan.txt", "w");
    if (file == NULL) {
        perror("打开文件失败\n");
        exit(1);
    }
    printf("请输入一个字符串,以'#'结束: \n");
    //从键盘读取字符,直到遇到'#'
    while (1) {
        char c = getchar();
        if (c == '#') {
            break;                      //遇到'#',结束输入
        }
        if (i >= MAX_INPUT_LENGTH - 1) {
            fprintf(stderr, "输入字符串过长\n");
            break;                      //输入过长,结束输入
        }
        input[i++] = c;
    }
    input[i] = '\0';                    //添加字符串结束符
    //将小写字母转换为大写字母并写入文件
    for (int j = 0; j < i; j++) {
        char c = toupper(input[j]);     //使用toupper()函数转换字符
        fputc(c, file);                 //将转换后的字符写入文件
    }
    //关闭文件
    fclose(file);
    printf("字符串已转换为大写并保存到文件'shiyan.txt'中。\n");
    return 0;
}
```

运行结果：

```
请输入一个字符串，以'#'结束:
hello world#
字符串已转换为大写并保存到文件'shiyan.txt'中。
```

程序说明：程序首先包含了必要的头文件<stdio.h>用于标准输入输出和文件操作，<ctype.h>用于字符处理（特别是toupper()函数），以及<stdlib.h>用于exit函数。定义了一个常量MAX_INPUT_LENGTH来限制输入字符串的最大长度。在main()函数中，声明了用于存储输入字符串的数组input、一个整数i用于追踪当前输入字符的索引、以及一个文件指针file。程序尝试以写入模式("w")打开文件"E:\shiyan.txt"。如果打开失败，则使用perror输出错误信息并使用exit()函数退出程序。使用printf()函数提示用户输入字符串。使用while循环从键盘读取字符，直到遇到"#"字符。在读取字符的过程中，程序会检查是否超过了input数组的最大长度，如果是，则输出错误信息并停止输入。读取完所有字符后，在input数组的末尾添加字符串结束符\0。使用另一个for循环遍历input数组，将每个字符（如果是小写）转换为大写，并使用fputc函数写入到文件中。使用fclose()函数关闭文件。最后，程序输出一个消息，告知用户字符串已转换为大写并保存到文件中。

习 题 八

一、选择题

1. C语言中文件的存取方式是（　　）。
   A. 顺序存取　　　　　　　　　B. 随机存取
   C. 顺序存取、随机存取均可以　　D. 顺序存取、随机存取均不可以
2. C语言可以处理的文件类型是（　　）。
   A. 文本文件和数据文件　　　　B. 数据文件和二进制文件
   C. 文本文件和二进制文件　　　D. 以上答案都不对
3. 当文件被正常关闭时，fclose()函数的返回值是（　　）。
   A. true　　　　B. 0　　　　C. -1　　　　D. 1
4. 若fp是指向某文件的指针，且已读到文件的末尾，则表达式feof(fp)的返回值是（　　）。
   A. EOF　　　　B. -1　　　　C. 非零值　　　D. NULL
5. 如果要用fopen()函数打开一个新的二进制文件，该文件要既能读也能写，则文件打开方式应为（　　）。
   A. "wb+"　　　B. "ab+"　　　C. "rb+"　　　D. "abv"
6. 下述关于文件操作的结论中，下列哪个选项正确的是（　　）。
   A. 对文件操作必须先关闭文件
   B. 对文件操作必须先打开文件
   C. 对文件操作顺序无要求
   D. 对文件操作前必须先测试文件是否存在，然后再打开文件
7. 如果要打开E盘上user文件夹下名为test.txt的文本文件进行读写操作，则下面符合此

要求的函数调用的是（　　）。

  A. fopen("E:\user\test.txt","r");　　　　B. fopen("E:\user\test.txt","rb");

  C. fopen"E:\user\test.txt","w");　　　　D. fopen("E:\\user\\test.txt","r+");

8. 文件类型是一个（　　）。

  A. 数组　　　　B. 指针　　　　C. 结构体　　　　D. 地址

9. fgets()函数的返回值是（　　）。

  A. 0　　　　　　　　　　　　　　B. –1

  C. 读入字符串的长度　　　　　　　D. 读入字符串的首地址

10. 若只允许对数据文件 test.txt 做一次打开文件操作，修改其中的数据，则打开文件语句应为 fp=fopen("test.txt",(　　));，下列选项正确的是（　　）。

  A. "w+"　　　　B. "r+"　　　　C. "a+"　　　　D. "r"

二、填空题

1. 按照数据的存储形式，文件可以分为_____和_____。
2. "FILE *fp;"的作用是定义一个文件指针，其中的 FILE 是在_____头文件中定义的。
3. 若要读出一个磁盘二进制文件，打开方式应选用_____。
4. C 语言的文件输入输出系统分为_____与_____，其中_____能保证不同 C 语言版本之间的兼容性。
5. 函数 rewind()的作用是_____。
6. 在文件中，以符号常量 EOF 作为文本文件(字符流文件)的结束标记，EOF 代表的值是_____。
7. 设有非空文本数据文件 test.txt，要求能读出文件中的全部数据，并在文件原有的数据之后添加新数据，则应用 FILE *fp=fopen("test.txt", _____);打开该文件。
8. 在调用函数 fopen("E:\\b.dat","r")时，若 E 盘根目录下不存在文件 b.dat，则函数的返回值是_____。
9. 使用 fscanf() 函数从已打开的文件中读取一个整数，应使用以下格式：fscanf(fp,"_____", &variable);，其中 fp 是指向文件的指针，variable 是用于存储读取结果的整数变量。
10. 若要判断文件是否读取到末尾，应使用_____函数。

三、编程题

1. 编写一个 C 语言程序，建立一个具有 10 个学生的记录文件 stu.dat，记录格式中包括学号、姓名和成绩。
2. 编写一个 C 语言程序，读取第 1 题中创建的 stu.dat 文件，按成绩从大到小排序。
3. 编写一个 C 语言程序，将文件 number1.txt 中的字'0'，替换为字符'a'，将替换后的结果写入文件 number2.txt。

第 9 章 综合案例与实战演练

通过前面章节的学习，已对 C 语言的知识体系有了一定的了解，本章节讲引领大家开发综合案例项目，让大家将所学知识付诸实践，通过综合案例与实战演练，来巩固和提升我们的编程技能。

9.1 综合案例分析

本节将尝试开发一个学生信息管理系统。作为一个信息化管理软件，该系统可实现学生信息的快速录入，并能对学生的信息进行增、删、改、查和更新操作。

1. 项目概述

本节将制作一个简易的学生信息管理系统，对学生的学号、姓名、班级、宿舍号等进行统计，并可实现数据的增、删、改、查和更新，以方便学校统计学生信息。

2. 项目系统设计

（1）系统功能结构设计。

学生信息管理系统分为 5 个功能模块，如图 9-1 所示。

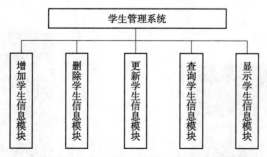

图 9-1 学习信息管理系统的主要功能模块图

（2）系统界面预览。

学生信息管理系统主界面上包括功能菜单和选择操作提示，如图 9-2 所示。输入 0~5 内的数字，能够切换为相应的模块，实现不同的功能。

输入"1"时,可增加学生信息。出现输入提示语句,如"请输入学号:",根据提示进行相应的信息输入,效果如图9-3所示。

图9-2 学生信息管理系统主界面

图9-3 增加学生信息

输入"2"时,可删除学生信息。输入待删除学生的学号,即可在文件中对应学生信息删除,运行效果如图9-4所示。

输入"3"时,可更新学生信息。输入待更新学生的学号,即可在文件中对应更新学生的班级及宿舍信息,运行效果如图9-5所示。

图9-4 删除学生信息

图9-5 更新学生信息

输入"4"时,可查询学生信息。输入待查询学生的学号,即可查询到相应学生的班级和宿舍号信息,运行效果如图9-6所示。

输入"5"时,可显示全部学生信息。即可在界面上打印出系统里面的全部学生信息,运行效果如图9-7所示。

图9-6 查询学生信息

图9-7 显示所有学生信息

3. 预处理模块设计

1）模块概述

预处理模块中需要引入库文件，定义学生结构体，声明各个功能函数。

2）功能实现

① 文件引用。使用 #include 命令引入库文件，对程序的一些系统函数进行支持。代码如下：

```
#include <stdio.h>          //包含标准输入/输出库函数
#include <stdlib.h>         //包含标准库，里面定义了一些宏和通用工具函数
#include <string.h>         //包含处理字符串处理函数
```

② 结构体定义和函数声明。要实现项目的全部功能，需要定义学生结构体类型，以及很多函数。在定义函数之前需要先函数声明。代码如下：

```
//定义学生结构体
typedef struct {
    int rollNo;                     //学号
    char className[50];             //班级
    int roomNo;                     //宿舍号
} Student;
//函数声明
void addStudent();                  //功能：增加学生信息
void deleteStudent();               //功能：删除学生信息
void updateStudent();               //功能：更新学生信息
void searchStudent();               //功能：查询学生信息
void displayAllStudents();          //功能：显示全部学生信息
```

4. 主函数设计

1）功能概述

在学生信息管理系统的 main() 函数中，打印显示主功能菜单，如图 9-8 所示；在 switch 分支结构中调用各函数，可对学生信息进行增加、删除、更新、查询、显示等操作。

2）函数实现

在 main() 函数中，使用 printf() 函数输出文字作为信息提示。获取用户输入的数字后，调用不同的函数实现主体功能，见表 9-1。

图 9-8 显示所有学生信息

表 9-1 main 函数中的数字对应函数及功能

编号	功能
0	退出系统
1	调用 addStudent() 函数，增加学生信息
2	调用 daelteStudent() 函数，删除学生信息
3	调用 updateStudent() 函数，更新学生信息
4	调用 searchStudent() 函数，查询学生信息
5	调用 displayAllStudents() 函数，显示全部学生信息

main()函数的实现代码如下：

```c
int main() {
    int choice;
    do {
        printf("\n学生信息管理系统\n");
        printf("1.增加学生信息\n");
        printf("2.删除学生信息\n");
        printf("3.更新学生信息\n");
        printf("4.查询学生信息\n");
        printf("5.显示所有学生信息\n");
        printf("0.退出\n");
        printf("请选择操作: ");
        scanf("%d", &choice);
        switch (choice) {
        case 1:
            addStudent();              //增加学生信息
            break;
        case 2:
            deleteStudent();           //删除学生信息
            break;
        case 3:
            updateStudent();           //更新学生信息
            break;
        case 4:
            searchStudent();           //查询学生信息
            break;
        case 5:
            displayAllStudents();      //显示全部学生信息
            break;
        case 0:
            printf("程序已退出。\n");
            break;
        default:
            printf("无效的选择，请重新输入。\n");
            break;
        }
    } while (choice != 0);
    return 0;
}
```

5. 增加学生信息模块

1）模块概述

在主界面中输入1，进入增加学生信息模块。根据输入提示语句，录入学生信息，如图9-9所示。如"请输入学号："，对应输入学生的学号；"请输入班级："，对应输入学生所在的班级；"请输入宿舍号："，对应输入学生所在的宿舍的宿舍号。输入完毕一位学生的信息后会有"学生信息已更新"提示语句。

图9-9　增加学生信息

2）功能实现

在 addStudent()函数中，首先输入需增加的学生相关信息，然后将输入的信息存放至学生信息管理的文件中，从而完成对新增学生信息的录入。代码如下：

```c
void addStudent() {
    FILE* fp;
    Student newStudent;
    printf("请输入学号: ");
    scanf("%d", &newStudent.rollNo);           //进行对学生学号的输入
    printf("请输入班级: ");
    scanf("%s", newStudent.className);         //进行对学生班级的输入
    printf("请输入宿舍号: ");
    scanf("%d", &newStudent.roomNo);           //进行对学生的宿舍号的输入
    fp = fopen("students.dat", "ab");          //打开存储学生信息文件
    if (fp == NULL) {
        printf("无法打开文件。\n");
        return;
    }
    fwrite(&newStudent, sizeof(Student), 1, fp);//将添加的学生的信息写入学生文件中
    fclose(fp);
    printf("学生信息已添加。\n");
}
```

6．删除学生信息模块

1）模块概述

在主界面中输入 2，进入删除学生信息模块。根据输入提示语句，删除学生信息。如"请输入要删除的学号："，对应输入学生的学号；输入完毕学号，系统会判断是否有对应学号的学生，若存在，则提示"学生信息已删除"，如图 9-10 所示；若不存在，则提示"未找到学生信息"，如图 9-11 所示。

图 9-10　删除学生信息　　　　　图 9-11　未找到学生信息

2）功能实现

在 deleteStudent()函数中，首先输入需删除的学生的学号，然后打开学生信息文件，对应查看是否有该学号，若没有，则提示"未找到学生信息"，若有，则找到对应学号进行删除操作。代码如下：

```c
void deleteStudent() {
    //定义文件指针 fp 用于读取原文件，temp 用于写入临时文件
    FILE* fp, * temp;
    //定义一个 Student 结构体变量 delStudent 用于存储要删除的学生信息
```

```c
Student delStudent;
//定义一个标志found，用于记录是否找到了要删除的学生信息
int found = 0;
//提示用户输入要删除的学号
printf("请输入要删除的学号: ");
//从用户处读取要删除的学号
scanf("%d", &delStudent.rollNo);
//以二进制读模式打开原文件students.dat
fp = fopen("students.dat", "rb");
//以二进制写模式打开临时文件temp.dat
temp = fopen("temp.dat", "wb");
//检查文件是否成功打开
if (fp == NULL || temp == NULL) {
    //如果文件打开失败，则输出错误信息并返回
    printf("无法打开文件。\n");
    return;
}
//循环读取原文件中的学生信息
while (fread(&delStudent, sizeof(Student), 1, fp) == 1) {
    //比较学生信息中是否有输入的学生学号
    if (delStudent.rollNo != delStudent.rollNo) {
        fwrite(&delStudent, sizeof(Student), 1, temp);
    }
    else {
        //如果当前读取的学生学号等于要删除的学号，则设置found标志为1
        found = 1;
    }
}
//关闭原文件和临时文件的文件指针
fclose(fp);
fclose(temp);
//删除原文件
remove("students.dat");
//将临时文件重命名为原文件名，完成文件替换
rename("temp.dat", "students.dat");
//根据found标志输出删除结果
if (found) {
    printf("学生信息已删除。\n");
}
else {
    printf("未找到学生信息。\n");
}
}
```

7. 更新学生信息模块

1）模块概述

在主界面中输入3，进入更新学生信息模块。根据输入提示语句"请输入要更新的学号："，输入需更新学生信息的学号，若该名学生存在，则根据提示语句"请输入新的班级"，对应输入更新班级，"请输入新的宿舍号"，对应输入更新的宿舍号，如图9-12所示；若该名学生不存在，则输出提示语句"未找到学生信息"，如图9-13所示。

图 9-12　更新学生信息

图 9-13　未找到学生信息

2）功能实现

在 updateStudent() 函数中，首先输入需更新的学生的学号，然后打开学生信息文件，对应查看是否有该学号，若没有，则提示"未找到学生信息"，若有，则找到对应学号进行更新操作，其中更新操作中，创建了一个用于存储更新后的学生信息文件，以便将更新前的学生信息进行删除替换。代码如下：

```c
void updateStudent() {
    FILE* fp;
    Student updateStudent, tempStudent;
    int found = 0, rollNo;
    char updatedClassName[50];
    int updatedRoomNo;
    printf("请输入要更新的学号: ");
    scanf("%d", &rollNo);
    fp = fopen("students.dat", "rb+");
    if (fp == NULL) {
        printf("无法打开文件。\n");
        return;
    }
    //临时文件，用于存储更新后的学生信息
    FILE* tempFp = fopen("temp.dat", "wb");
    if (tempFp == NULL) {
        printf("无法创建临时文件。\n");
        fclose(fp);
        return;
    }
    while (fread(&tempStudent, sizeof(Student), 1, fp) == 1) {
        if (tempStudent.rollNo == rollNo) {
            found = 1;
            printf("请输入新的班级: ");
            scanf("%s", updatedClassName);
            printf("请输入新的宿舍号: ");
            scanf("%d", &updatedRoomNo);
            //创建更新后的学生信息并写入临时文件
            updateStudent = tempStudent;
            strcpy(updateStudent.className, updatedClassName);
            updateStudent.roomNo = updatedRoomNo;
            fwrite(&updateStudent, sizeof(Student), 1, tempFp);
            //打印更新后的学生信息
```

```
                printf("学号：%d 的信息已更新为：\n", rollNo);
                printf("班级：%s\n", updatedClassName);
                printf("宿舍号：%d\n", updatedRoomNo);
                printf("\n");
                break;
            }
            else {
                //对于未更新的学生信息，直接写入临时文件
                fwrite(&tempStudent, sizeof(Student), 1, tempFp);
            }
        }
        fclose(fp);
        fclose(tempFp);
        //如果找到并更新了学生信息，用临时文件替换原文件
        if (found) {
            remove("students.dat");                    //删除原文件
            rename("temp.dat", "students.dat");        //重命名临时文件为原文件名
        }
        else {
            remove("temp.dat");                        //如果没有更新，删除临时文件
            printf("未找到学生信息。\n");
        }
    }
```

8. 查询学生信息模块

1）模块概述

在主界面中输入 4，进入查询学生信息模块。根据输入提示语句"请输入要查询的学号："，输入需查询学生信息的学号，若该名学生存在，则输出对应学号学生的信息，如图 9-14 所示；若该名学生不存在，则输出提示语句"未找到学生信息"，如图 9-15 所示。

图 9-14　查询学生信息

图 9-15　未找到学生信息

2）功能实现

在 searchStudent()函数中，首先输入需更新的学生的学号，然后打开学生信息文件，对应查看是否有该学号，若没有，则提示"未找到学生信息"，若有，则找到对应学号的信息进行对信息的打印输出。代码如下：

```
void searchStudent() {
    FILE* fp;
    Student searchStudent;
    int found = 0, rollNo;
```

```
        printf("请输入要查询的学号: ");
        scanf("%d", &rollNo);
        fp = fopen("students.dat", "rb");
        if (fp == NULL) {
            printf("无法打开文件。\n");
            return;}
        while (fread(&searchStudent, sizeof(Student), 1, fp) == 1) {
            if (searchStudent.rollNo == rollNo) {
                printf("学号: %d\n", searchStudent.rollNo);
                printf("班级: %s\n", searchStudent.className);
                printf("宿舍号: %d\n", searchStudent.roomNo);
                found = 1;
                break;
            }
        }
        fclose(fp);
        if (!found) {
            printf("未找到学生信息。\n");
        }
    }
```

9. 显示所有学生信息模块

1）模块概述

在主界面中输入 5，进入显示所有学生信息模块。将打印出存储学生信息文件中所有学生的信息，如图 9-16 所示。

2）功能实现

在 displayAllStudents()函数中，首先打开存储学生信息的问题，然后遍历打印其文件中信息，完成后关闭文件。代码如下：

图 9-16　显示所有学生信息

```
void displayAllStudents() {
    FILE* fp;
    Student displayStudent;
    fp = fopen("students.dat", "rb");
    if (fp == NULL) {
        printf("无法打开文件。\n");
        return;
    }
    while (fread(&displayStudent, sizeof(Student), 1, fp) == 1) {
        printf("学号: %d\n", displayStudent.rollNo);
        printf("班级: %s\n", displayStudent.className);
        printf("宿舍号: %d\n", displayStudent.roomNo);
        printf("\n");
    }
    fclose(fp);
}
```

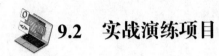 ## 9.2 实战演练项目

随着图书馆规模的扩大，图书数量不断增加，如何高效管理这些图书成为了一个重要的问题。本节需要读者利用前面章节所学知识，通过 C 语言编写一个简单的图书管理系统，实现图书的录入、查询、借阅、归还等功能，以提高图书管理的效率。

1．项目概述

本节需要按如下设计要求制作一个简易的图书管理信息管理系统，实现图书的录入、查询、借阅、归还等功能，以提高图书管理的管理效率。

2．项目系统设计要求

1）系统总体功能结构要求

图书管理系统将分为 4 个功能模块，如图 9-17 所示。

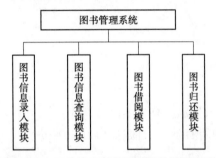

图 9-17　图书管理系统的主要功能模块图

2）具体功能模块实现要求

- 图书信息录入模块：要求允许管理员录入新的图书信息，并将其添加到图书管理系统中。
- 图书信息查询模块：要求实现根据提供的书名、作者或图书编号能够查询图书信息。
- 图书借阅模块：要求记录借阅者的信息(如学号或借书证号)和借阅的图书信息，并更新图书的库存数量。
- 图书归还模块：要求记录归还的图书信息，并更新图书的库存数量。

附录 A

课后习题答案

习 题 一

一、选择题

1. A 2. C 3. B 4. B 5. B 6. A 7. A 8. B 9. C 10. B

二、填空题

1. 编程
2. 编译调试
3. 解释型
4. UNIX
5. 高效
6. 可移植
7. 存储程序
8. 输入、输出
9. 编译、调试
10. 单元测试、集成测试、系统测试

习 题 二

一、选择题

1. B 2. A 3. B 4. D 5. B 6. C 7. B 8. B 9. C 10. B

二、填空题

1. 存储器
2. 整型
3. 100
4. 单精度
5. struct
6. 三元运算符

7. 变量 a
8. null 字符（或"空字符"）
9. 值
10. 缓冲区溢出

三、编程题

1.
```c
#include <stdio.h>
int main() {
    int num1, num2;
    printf("请输入第一个整数: ");
    scanf("%d", &num1);
    printf("请输入第二个整数: ");
    scanf("%d", &num2);
    int sum = num1 + num2;
    printf("这两个整数的和为: %d\n", sum);
    return 0;
}
```

2.
```c
#include <stdio.h>
#include <stdbool.h>
bool isPrime(int num) {
    int i;
    if (num <= 1) {
        return false;
    }
    for ( i = 2; i * i <= num; i++) {
        if (num % i == 0) {
            return false;
        }
    }
    return true;
}
int main() {
    int num;
    //读取用户输入的整数
    printf("请输入一个整数: ");
    scanf("%d", &num);
    //判断并输出结果
    if (isPrime(num)) {
        printf("%d 是素数。\n", num);
    } else {
        printf("%d 不是素数。\n", num);
    }

    return 0;
}
```

习 题 三

一、选择题
1. A 2. C 3. C 4. A 5. A 6. D 7. D 8. A 9. A 10. C 11. A

二、编程题
1.
```
#include <stdio.h>


int main() {
    int month;
    printf("请输入月份数字（1-12）: ");
    scanf("%d", &month);
    switch (month) {
    case 1: printf("January\n"); break;
    case 2: printf("February\n"); break;
    case 3: printf("March\n"); break;
    case 4: printf("April\n"); break;
    case 5: printf("May\n"); break;
    case 6: printf("June\n"); break;
    case 7: printf("July\n"); break;
    case 8: printf("August\n"); break;
    case 9: printf("September\n"); break;
    case 10: printf("October\n"); break;
    case 11: printf("November\n"); break;
    case 12: printf("December\n"); break;
    default: printf("无效的月份输入！\n");
    }
    return 0;
}
```

2.
```
#include <stdio.h>
#include <stdbool.h>


bool isPrime(int num) {
        if (num <= 1) {
        return false;
    }
    for (int i = 2; i * i <= num; i++) {
        if (num % i == 0) {
        return false;
    }
    }
    return true;
}

int main() {
```

```c
    for (int i = 2; i <= 100; i++) {
        if (isPrime(i)) {
            printf("%d ", i);
        }
    }
    return 0;
}
```

3.

```c
#include <stdio.h>

int main() {
    int year;
    printf("请输入一个年份: ");
    scanf("%d", &year);
    if ((year % 4 == 0 && year % 100 != 0) || year % 400 == 0) {
        printf("%d 是闰年。\n", year);
    } else {
        printf("%d 不是闰年。\n", year);
    }
    return 0;
}
```

4.

```c
#include <stdio.h>

int main() {
    int n, sum = 0;
    printf("请输入一个整数n: ");
    scanf("%d", &n);
    for (int i = 2; i <= n; i += 2) {
        sum += i * i;
    }
    printf("1 到%d之间所有偶数的平方和为: %d\n", n, sum);
    return 0;
}
```

5.

```c
#include <stdio.h>

int main() {
    for (int i = 100; i >= 10; i--) {
        int a = i / 100;
        int b = (i / 10) % 10;
        int c = i % 10;
        if (i == a * a * a + b * b * b + c * c * c) {
            printf("%d是水仙花数\n", i);
        }
    }
    return 0;
}
```

6.
```c
#include <stdio.h>

int main() {
    int n, i, j;
    printf("请输入直角三角形的行数: ");
    scanf("%d", &n);
    for (i = 1; i <= n; i++) {
        for (j = 1; j <= i; j++) {
            printf("*");
        }
        printf("\n");
    }
    return 0;
}
```

习 题 四

一、选择题

1. D 2. B 3. A 4. D 5. B 6. A 7. A 8. C 9. A 10. B

二、编程题

1.
```c
#include <stdio.h>

int compare(int a, int b) {
    if (a > b) return 1;
    else if (a < b) return -1;
    else return 0;
}

int main() {
    int x = 5, y = 10;
    int result = compare(x, y);
    if (result == 1) printf("%d is greater than %d\n", x, y);
    else if (result == -1) printf("%d is less than %d\n", x, y);
    else printf("%d is equal to %d\n", x, y);

    //使用库函数 abs() 来比较绝对值大小
    int abs_x = abs(x - y);
    int abs_y = abs(y - x);
    if (abs_x > abs_y) printf("The absolute difference of %d and %d is greater\n", x, y);
    else printf("The absolute difference of %d and %d is not greater\n", x, y);

    return 0;
}
```

2.
```c
#include <stdio.h>

int square(int num) {
```

```c
    return num * num;
}

int main() {
    int num = 5;
    int result = square(num);
    printf("The square of %d is %d\n", num, result);
    return 0;
}
```

3.

```c
#include <stdio.h>

int findMax(int arr[], int length) {
    int max = arr[0];
    for (int i = 1; i < length; i++) {
        if (arr[i] > max) {
        max = arr[i];
    }
}
    return max;
}

int main() {
    int numbers[] = {1, 4, 7, 2, 9, 5};
    int length = sizeof(numbers) / sizeof(numbers[0]);
    int max = findMax(numbers, length);
    printf("The maximum number is: %d\n", max);
    return 0;
}
```

4.

```c
#include <stdio.h>

int findMax(int arr[], int size) {
    int max = arr[0];
    for (int i = 1; i < size; i++) {
        if (arr[i] > max) {
        max = arr[i];
        }
    }
    return max;
}

int findMin(int arr[], int size) {
    int min = arr[0];
    for (int i = 1; i < size; i++) {
        if (arr[i] < min) {
        min = arr[i];
        }
    }
```

```
        return min;
}

int main() {
    int arr[] = {5, 10, 2, 8, 15, 1};
    int size = sizeof(arr) / sizeof(arr[0]);
    int max = findMax(arr, size);
    int min = findMin(arr, size);
    printf("Max: %d\n", max);
    printf("Min: %d\n", min);
    return 0;
}
```

习 题 五

一、选择题

1. A 2. D 3. A 4. C 5. C 6. C 7. A 8. B 9. A 10. B

二、填空题

1. \0

2. strcmp

3. 3；"cherry"

4. strlen

5. 13（注意，字符串长度不包括结尾的\0字符）

6. \0

7. 5   sum += nums[i];

8. 0   1   2
   0   1   2
   0   1   2

9. 2   4   6   8   10

10. str[]=abdef

三、编程题

1.

```
#include <stdio.h>
int main() {
    int a[10];
    int i, max, min, max_index, min_index;
    printf("请输入10个整数: \n");         //从键盘输入10个整型数据
    for(i = 0; i < 10; i++) {
        scanf("%d", &a[i]);
    }
    max = a[0];                           //初始化最大值为数组中的第一个元素
    min = a[0];                           //初始化最小值为数组中的第一个元素
    max_index = 0;
    min_index = 0;
    for(i = 1; i < 10; i++) {             //遍历数组
        if(a[i] > max) {
```

```
            max = a[i];                    //找到最大值
            max_index = i;                 //找到最大值的下标
        }
        if(a[i] < min) {
            min = a[i];                    //找到最小值
            min_index = i;                 //找到最小值的下标
        }
    }
    printf("最大值为: %d, 下标位置为: %d\n", max, max_index);
    printf("最小值为: %d, 下标位置为: %d\n", min, min_index);
    return 0;
}
```

这段代码首先定义了一个长度为 10 的整型数组 a，然后使用 for 循环从键盘输入 10 个整数，并将它们存储到数组 a 中。接着，使用一个 for 循环遍历数组 a，同时记录最大值、最小值以及它们所在的下标位置。最后，输出求得的最大值、最小值及其下标位置。

需要注意的是，这段代码假定输入的数据是合法的整数，并且输入的数据不超过数组的容量。在实际应用中，可能需要加入一些输入检查和异常处理的代码来确保程序的健壮性。

2.
```
#include <stdio.h>
int main() {
    char input[100];
    int i, english_count = 0, digit_count = 0;
    int space_count = 0, other_count = 0;
    printf("请输入一行字符: \n");
    scanf("%s", input);
    for (i = 0; input[i] != '\0'; i++) {              //统计字符个数
        if ((input[i] >= 'a' && input[i] <= 'z') ||   //判断是否为英文字符
            (input[i] >= 'A' && input[i] <= 'Z')) {
            english_count++;
        }
        else if (input[i] >= '0' && input[i] <= '9'){ //判断是否为数字字符
            digit_count++;
        }
        else if (input[i] == ' ') {                   //判断是否为空格
            space_count++;
        }
        else {                                         //其他字符
            other_count++;
        }
    }
    //输出统计结果
    printf("英文字符个数: %d\n", english_count);
    printf("数字字符个数: %d\n", digit_count);
    printf("空格个数: %d\n", space_count);
```

```
        printf("其他字符个数: %d\n", other_count);
        return 0;
}
```

答案解析：

1. 程序首先定义了一个字符数组 input，用于存储输入的一行字符。

2. 使用 scanf()函数从键盘读取一行字符，并将其存储到 input 数组中。

3. 通过一个 for 循环遍历 input 数组中的每个字符，并根据字符的 ASCII 码值来判断字符的类型。

- 如果字符的 ASCII 码值在英文字符的范围内（'a"z' 或 'A"Z'），则该字符为英文字符。
- 如果字符的 ASCII 码值在数字字符的范围内（'0'~'9'），则该字符为数字字符。
- 如果字符是空格，则计数空格个数。
- 否则，该字符为其他字符。

4. 统计完各个类型的字符个数后，输出统计结果。

习 题 六

一、选择题

1. C 2. A 3. B 4. B 5. A 6. B 7. C 8. C 9. D 10. D

二、填空题

1. 获取变量或对象的地址

2. 1

3. 内存地址

4. 指针表达式。指针表达式可以包括对指针的解引用、指针的运算、指针的比较等操作。

5. 30

6. <

7. 函数指针

8. 6

9. 字节数

10. 部分丢失

三、编程题

1.

```
#include <stdio.h>
void findMinMax(int *arr, int size, int *min, int *max) {
    *min = *max = arr[0];
    for (int i = 1; i < size; i++) {
        if (arr[i] < *min)
            *min = arr[i];
        if (arr[i] > *max)
            *max = arr[i];
    }
}
int main() {
```

```c
    int nums[] = {10, 5, 8, 3, 12, 7};
    int size = sizeof(nums) / sizeof(nums[0]);
    int min, max;
    findMinMax(nums, size, &min, &max);
    printf("数组中的最小值为: %d\n", min);
    printf("数组中的最大值为: %d\n", max);
    return 0;
}
```

答案解析：这个程序定义了一个 findMinMax()函数，通过指针参数 min 和 max 返回数组中的最小值和最大值。在 main()函数中，我们声明了一个整型数组 nums，然后调用 findMinMax()函数来查找数组中的最小值和最大值，并使用指针传递结果。最后输出查找到的最小值和最大值。通过指针传递参数，函数可以直接修改 min 和 max 变量的值，从而实现了查找数组中最小值和最大值的功能。

2.

```c
#include <stdio.h>
void reverseArray(int *arr, int size) {
    int *start = arr;
    int *end = arr + size - 1;
    int temp;
    while (start < end) {
        temp = *start;
        *start = *end;
        *end = temp;
        start++;
        end--;
    }
}
int main() {
    int i, size;
    int arr[] = {1, 2, 3, 4, 5};
    size = sizeof(arr) / sizeof(arr[0]);
    printf("翻转前的数组: \n");
    for (i = 0; i < size; i++)
        printf("%d ", arr[i]);
    reverseArray(arr, size);
    printf("\n翻转后的数组: \n");
    for (i = 0; i < size; i++)
        printf("%d ", arr[i]);
    return 0;
}
```

答案解析：这个程序首先定义了一个整数数组 arr，然后定义了一个 reverseArray()函数来实现数组翻转。在 main()函数中，先输出翻转前的数组，然后调用 reverseArray()函数进行翻转，最后输出翻转后的数组。

习 题 七

一、选择题

1. B 2. D 3. A 4. C 5. B 6. A 7. C 8. B 9. A 10. D

二、填空题

1. ABCD

2. (*b).day，b->day

3. 可以

4. 12，4

5. 40

6. 575

7. 4，d

8. 4

9. YELLOW

10. 3

三、编程题

1.

```c
#include <stdio.h>
//定义日期结构体
struct Date
{
    int year;
    int month;
    int day;
};
//判断是否是闰年
int isLeapYear(int year) {
    if (year % 400 == 0) return 1;
    if (year % 100 == 0) return 0;
    return year % 4 == 0;
}
//获取每个月的天数
int getDaysOfMonth(int year, int month)
{
    int daysInMonth[] = { 31, 28, 31, 30, 31, 30, 31, 31, 30, 31, 30, 31 };
    if (month == 2 && isLeapYear(year)) {
        return 29;
    }
    return daysInMonth[month - 1];
}
//计算该日在该年为第几天
int getDayOfYear(struct Date date)
{
    int dayCount = 0;
    for (int i = 1; i < date.month; i++) {
```

```
            dayCount += getDaysOfMonth(date.year, i);
    }
    dayCount += date.day;
    return dayCount;
}
int main()
{
    //定义一个日期结构体变量并赋值
    struct Date myDate = { 2024, 4, 7 };
    //计算该日在该年为第几天
    int dayOfYear = getDayOfYear(myDate);
    //输出结果
    printf("今天是%d-%02d-%02d  今年的第:%d天\n", myDate.year, myDate.month, myDate.day, dayOfYear);
    return 0;
}
```

2.

```
#include <stdio.h>
#define STUDENT_COUNT 10
#define COURSE_COUNT 3
//定义学生结构体
struct Student
{
    char id[11];
    char name[51];
    float scores[COURSE_COUNT];
    float average;
};
//计算学生的平均成绩
void calculate_Average(struct Student* student)
{
    float sum = 0;
for (int i = 0; i < COURSE_COUNT; i++)
    {
        sum += student->scores[i];
    }
    student->average = sum / COURSE_COUNT;
}
//冒泡排序，根据平均成绩排序
void Average_Sort(struct Student students[], int count)
{
    struct Student temp;
    for (int i = 0; i < count - 1; i++)
    {
        for (int j = 0; j < count - i - 1; j++)
        {
            if (students[j].average > students[j + 1].average)
            {
                //交换学生信息
                temp = students[j];
```

```
            students[j] = students[j + 1];
            students[j + 1] = temp;
        }
        }
    }
}
int main()
{
    struct Student students[STUDENT_COUNT];
    //从键盘输入学生的数据
    for (int i = 0; i < STUDENT_COUNT; i++)
    {
        printf("请输入第%d名学生的学号: ", i + 1);
        scanf("%s", students[i].id);
        printf("请输入第%d名学生的姓名: ", i + 1);
        scanf("%s", students[i].name);
        for (int j = 0; j < COURSE_COUNT; j++) {
            printf("请输入第%d名学生的第%d门课成绩: ", i + 1, j + 1);
            scanf("%f", &students[i].scores[j]);
        }
        //计算平均成绩
        calculate_Average(&students[i]);
    }
    //按平均成绩排序
    Average_Sort(students, STUDENT_COUNT);
    //输出排序后的学生数据
    printf("\n按平均成绩排序后的学生信息: \n");
    printf("学号\t姓名\t课程1\t课程2\t课程3\t平均成绩\n");
    for (int i = 0; i < STUDENT_COUNT; i++)
    {
        printf("%s\t%s\t%.2f\t%.2f\t%.2f\t%.2f\n",
            students[i].id,
            students[i].name,
            students[i].scores[0],
            students[i].scores[1],
            students[i].scores[2],
            students[i].average);
    }
    return 0;
}
```

习 题 八

一、选择题:

1. C 2. C 3. B 4. C 5. A 6. C 7. D 8. C 9. D 10. B

二、填空题

1. 文本文件、二进制文件

2. stdio.h

3. rb

4. 缓冲文件系统、非缓冲文件系统、缓冲文件系统
5. 将文件内部的位置指针重新指向一个流（数据流/文件）的开头
6. −1
7. a+
8. NULL
9. %d
10. feof

三、编程题
1.
```c
#include <stdio.h>
#include <stdlib.h>
//定义学生结构体
struct student {
    int id;
    char name[50];
    float score;
};
int main() {
    FILE* fp;
    struct student students[10] = {
        {1, "张三", 85.5},
        {2, "李四", 92.0},
        {3, "王五", 78.0},
        {4, "赵六", 90.5},
        {5, "孙七", 88.0},
        {6, "周八", 76.5},
        {7, "吴九", 95.0},
        {8, "郑十", 89.0},
        {9, "陈十一", 80.0},
        {10, "卫十二", 91.0}
    };
    fp = fopen("E:\\stu.dat", "wb");//打开文件，如果不存在则创建
    if (fp == NULL) {
        perror("Error opening file");
        return EXIT_FAILURE;
    }
    //写入学生记录到文件
    for (int i = 0; i < 10; i++) {
        fwrite(&students[i], sizeof(struct student), 1, fp);
    }
    //关闭文件
    fclose(fp);
    printf("学生数据写入成功.\n");
    return 0;
}
```

2.
```c
#include <stdio.h>
#include <stdlib.h>
```

```c
#include <string.h>
//定义学生结构体
 struct student {
    int id;
    char name[50];
    float score;
};
//冒泡排序函数，按成绩从大到小排序
void bubbleSort(struct student* students, int n) {
    int i, j;
    struct student temp;
    for (i = 0; i < n - 1; i++) {
        for (j = 0; j < n - i - 1; j++) {
            if (students[j].score < students[j + 1].score) {
                //交换两个学生记录
                temp = students[j];
                students[j] = students[j + 1];
                students[j + 1] = temp;
            }
        }
    }
}
int main() {
    FILE* fp;
    struct student students[10];
    int i;
    //打开文件，以二进制读取模式
    fp = fopen("E:\\stu.dat", "rb");
    if (fp == NULL) {
        perror("Error opening file");
        return EXIT_FAILURE;
    }
    //从文件中读取学生记录
    if (fread(students, sizeof(struct student), 10, fp) != 10) {
        perror("Error reading from file");
        fclose(fp);
        return EXIT_FAILURE;
    }
    //关闭文件
    fclose(fp);
    //对学生记录按成绩从大到小进行冒泡排序
    bubbleSort(students, 10);
    //输出排序后的学生记录
    printf("按成绩从大到小排序后的信息:\n");
    for (i = 0; i < 10; i++) {
        printf("学号: %d, 姓名: %s, 分数: %.1f\n", students[i].id, students[i].name, students[i].score);
    }
    return 0;
}
```

3.
```c
#include <stdio.h>
#include <stdlib.h>
int main() {
    FILE* inputFile, * outputFile;
    char ch;
    //打开源文件 number1.txt
    inputFile = fopen("number1.txt", "r");
    if (inputFile == NULL) {
        perror("Error opening input file");
        return EXIT_FAILURE;
    }
    //打开目标文件 number2.txt，如果文件不存在则创建
    outputFile = fopen("number2.txt", "w");
    if (outputFile == NULL) {
        perror("Error opening output file");
        fclose(inputFile);
        return EXIT_FAILURE;
    }
    //读取源文件并替换字符，写入目标文件
    while ((ch = fgetc(inputFile)) != EOF) {
        if (ch == '0') {
            fputc('a', outputFile);
        }
        else {
            fputc(ch, outputFile);
        }
    }
    //关闭文件
    fclose(inputFile);
    fclose(outputFile);

    printf("文件操作成功\n");
    return 0;
}
```

附录 B 实战项目演练参考代码

```c
#include <stdio.h>
#include <string.h>

// 定义图书结构体
struct Book {
    char title[100];
    char author[100];
    int quantity;
    int available;
};

// 函数声明
void addBook();
void searchBook();
void borrowBook();
void returnBook();

int main() {
    int choice;
    do {
        // 显示菜单
        printf("\n----- 图书管理系统菜单 -----\n");
        printf("1. 添加图书\n");
        printf("2. 查询图书\n");
        printf("3. 借阅图书\n");
        printf("4. 归还图书\n");
        printf("0. 退出系统\n");
        printf("请选择操作: ");
        scanf("%d", &choice);

        switch (choice) {
        case 1:
            addBook();
            break;
        case 2:
            searchBook();
```

```c
                break;
            case 3:
                borrowBook();
                break;
            case 4:
                returnBook();
                break;
            case 0:
                printf("感谢使用图书管理系统！\n");
                break;
            default:
                printf("无效的选项，请重新输入。\n");
        }
    } while (choice != 0);

    return 0;
}

// 添加图书
void addBook() {
    struct Book newBook;
    FILE* file = fopen("library.txt", "a"); // 以追加模式打开文件
    if (file == NULL) {
        printf("无法打开文件。\n");
        return;
    }

    printf("请输入图书标题: ");
    scanf(" %[^\n]", newBook.title);
    printf("请输入图书作者: ");
    scanf(" %[^\n]", newBook.author);
    printf("请输入图书数量: ");
    scanf("%d", &newBook.quantity);
    newBook.available = newBook.quantity; // 初始时所有图书都是可借阅的

    // 写入文件
    fprintf(file, "%s;%s;%d;%d\n", newBook.title, newBook.author, newBook.quantity, newBook.available);
    fclose(file);
    printf("图书添加成功！\n");
}

// 查询图书
void searchBook() {
    char title[100];
    printf("请输入要查询的图书标题: ");
    scanf(" %[^\n]", title);

    FILE* file = fopen("library.txt", "r"); // 以读取模式打开文件
    if (file == NULL) {
        printf("无法打开文件。\n");
```

```c
            return;
        }

        struct Book book;
        int found = 0;
        while (fscanf(file, "%[^;];%[^;];%d;%d\n", book.title, book.author,
&book.quantity, &book.available) != EOF) {
            if (strcmp(book.title, title) == 0) {
                found = 1;
                printf("\n----- 查询结果 -----\n");
                printf("标题: %s\n", book.title);
                printf("作者: %s\n", book.author);
                printf("总数量: %d\n", book.quantity);
                printf("可借数量: %d\n", book.available);
                break;
            }
        }
        if (!found) {
            printf("未找到相关图书。\n");
        }

        fclose(file);
    }

    // 借阅图书
    void borrowBook() {
        char title[100];
        printf("请输入要借阅的图书标题: ");
        scanf(" %[^\n]", title);

        FILE* file = fopen("library.txt", "r+"); // 以读写模式打开文件
        if (file == NULL) {
            printf("无法打开文件。\n");
            return;
        }

        struct Book book;
        int found = 0;
        while (fscanf(file, "%[^;];%[^;];%d;%d\n", book.title, book.author,
&book.quantity, &book.available) != EOF) {
            if (strcmp(book.title, title) == 0) {
                found = 1;
                if (book.available > 0) {
                    book.available--;
                    fseek(file, sizeof(struct Book), SEEK_CUR); // 将文件指针移
回上一个记录的位置
                    fprintf(file, "%s;%s;%d;%d\n", book.title, book.author,
book.quantity, book.available);
                    printf("借阅成功! \n");
                }
                else {
```

```c
                printf("抱歉，该图书已全部借出。\n");
            }
            break;
        }
    }
    if (!found) {
        printf("未找到相关图书。\n");
    }

    fclose(file);
}

// 归还图书
void returnBook() {
    char title[100];
    printf("请输入要归还的图书标题: ");
    scanf(" %[^\n]", title);

    FILE* file = fopen("library.txt", "r+"); // 以读写模式打开文件
    if (file == NULL) {
        printf("无法打开文件。\n");
        return;
    }

    struct Book book;
    int found = 0;
    while (fscanf(file, "%[^;];%[^;];%d;%d\n", book.title, book.author, &book.quantity, &book.available) != EOF) {
        if (strcmp(book.title, title) == 0) {
            found = 1;
            if (book.available < book.quantity) {
                book.available++;
                fseek(file, sizeof(struct Book), SEEK_CUR); // 将文件指针移回上一个记录的位置
                fprintf(file, "%s;%s;%d;%d\n", book.title, book.author, book.quantity, book.available);
                printf("归还成功！\n");
            }
            else {
                printf("该图书已全部归还。\n");
            }
            break;
        }
    }
    if (!found) {
        printf("未找到相关图书。\n");
    }

    fclose(file);
}
```